灯影 月光下的

● 吴飞 主编

吉林出版集团有限责任公司

图书在版编目（CIP）数据

月光下的灯影／吴飞主编．—长春：吉林出版集团有限责任公司，2011.9

（心之语系列）

ISBN 978-7-5463-5770-6

Ⅰ.①月… Ⅱ.①吴… Ⅲ.①人生哲学–少年读物

Ⅳ.①B821-49

中国版本图书馆 CIP 数据核字（2011）第 128960 号

月光下的灯影

作　　者	吴　飞　主编
责任编辑	孟迎红
责任校对	赵　霞
开　　本	710mm×1000mm　1/16
字　　数	250 千字
印　　张	14.5
印　　数	1–5000 册
版　　次	2011 年 9 月第 1 版
印　　次	2018 年 2 月第 1 版第 2 次印刷
出　　版	吉林出版集团股份有限公司
发　　行	吉林音像出版社有限责任公司
	吉林北方卡通漫画有限责任公司
地　　址	长春市泰来街 1825 号
	邮　编：130062
电　　话	总编办：0431-86012906
	发行科：0431-86012770
印　　刷	北京龙跃印务有限公司

ISBN 978-7-5463-5770-6　　　　　　定价：39.80 元

代 序

心灵深处有最爱

初到美国的时候，在一位同学家做客，他是个既英俊又有才华的男人，却娶了才貌都远不相配的女子。尤其令人不解的，是他竟然抛弃了在国内交往多年、早已论及婚嫁的女朋友。

"我的父母、兄弟都不谅解我！"他指了指四周，"可是你看看，我现在有房子、有家具、有存款，还有绿卡，谁给的？"他叹口气："人过了35岁，很多事都看开了，我辛苦一辈子，希望过几天好日子。"

只是，我想，他心里真正爱的，是谁呢？

读谢家孝先生写的《张大千传》，500多页看完，到"后记"时，又发现一段重要的文字，大意是说，张大千的后半生，固然有妻子徐雯波在侧，但壮年时代，杨宛君才是陪他同甘共苦，而且相爱相知最深的。

帮助张大千逃出日本人魔掌的是杨宛君，陪他敦煌面壁、饱受风沙之苦的也是杨宛君。只是大千先生在接受谢家孝访谈时，却绝少提到这位他生命中最重要的女人。

谢家孝先生说："是不是他顾及随侍在身边的徐雯波，而避免夸赞杨宛君？"

"他（张大千）在80岁预留遗嘱中，特别在遗赠部分，写明要给爱人杨宛君，足见在大千先生心中，至终未忘与杨宛君的一段深情岁月。"

合上书，我不得不佩服谢家孝先生，作为一个新闻人实事求是的态度。在《张大千传》完成13年、老人仙逝10年之后，终于把他不吐不快的事说出来。

这何尝不是大千先生不吐不快，却埋藏在心底30多年的事呢？

也想起有"民初才女"之称的林徽音，在跟徐志摩轰轰烈烈地恋爱之后，终于受世俗和家庭的压力，嫁给了梁启超的儿子梁思成。

梁思成的才华不在徐志摩之下。他是中国古代建筑研究的先驱，直到今天，他40年前的作品，仍被世界建筑界认为是经典之作。

走遍中国山川，又曾到西方游学的梁思成，毕竟有不同的心胸。徐志摩飞机失事后，梁思成特地赶去现场，捡回一块飞机残片，交给自己的妻子。

据说林徽音把它挂在卧室的墙上，终其一生。

每个人都有他自己的心灵世界，在那心灵的深处，不见得是婚姻的另一半。

有位飞黄腾达的朋友对我说："我一生做事，不欠任何人的。对父母，我尽孝；对朋友，我尽义；对妻子，我尽情。如果有什么亏欠，我只亏欠了一个人——我中学时的女朋友。她怀了我的孩子，我叫她去堕胎，还要她自己出钱。我那时候好穷啊，拿不出钱。问题是我不但穷，而且没种，我居然不敢陪她去医院。"

他长长地叹了口气："到今天，我都记得她堕胎之后苍白的脸，她从没怨过我，我却愈老愈怨自己……"

他找了她许多年，借朋友的名字登报寻人多次，都杳无音信。

怪不得日本有个新兴行业，为顾客找寻初恋的情人。据说许多恋人，隔了六七十年，见面时相拥而泣，发现对方仍是自己的最爱。

有一天，接到一位长辈的电话，声音遥远而微弱，居然是母亲十多年不见的老友。

母亲一惊，匆匆忙忙由床上爬起来，竟忘了戴助听器，有一句没一句地咿咿哑哑。

我把电话抢过来，说有什么事告诉我，我再转达。电话那头的老人，语气十分平静："就告诉她，我很想她！"

过了些时，接到南美的来信，老人的孩子说，他母亲放下电话不久，就死了——脑癌！

战战兢兢地把消息告诉母亲。80多岁的老母亲居然没有立刻动容，只叹口气："多少年不来电话，接到，就知道不妙。她真是老妹妹了，从小在一块，几十年不见，临死还惦着我。只是，老朋友都走了，等我走，又惦着谁呢？"

母亲转过身，坐在床角，呜呜地哭了。

是不是每个人心灵的深处，都藏着一些人物，伴随着欢欣与凄楚，平时把它锁起来，自己不敢碰，更不愿外人知，直到某些心灵澄澈的日子，或回光返照的时刻，世俗心弱了，再也锁不住，终于人物浮现？

会不会有一天，当我们临去的时刻，才突然发现一生中最爱的人，竟是那个已经被遗忘多年的……

目　录

第一辑　感悟人生 …………………………………… 1

在这个世界上，凡事不可能一帆风顺，事事如意，总会有烦恼和忧愁。拥有一份随缘之心，你就会发现，天空中无论是阴云密布，还是阳光灿烂；生活的道路上无论是坎坷还是畅达，心中总是会拥有一份平静和恬淡。

第二辑　有梦才有远方 ………………………… 55

太阳总在有梦的地方升起；月亮也总在有梦的地方朦胧。梦是永恒的微笑，使你的心灵永远充满激情，使你的双眼永远澄澈明亮。

第三辑　成功的法则 ………………………… 99

幸福生活最重要的法则之一就是做你喜欢做的事情。看看这个世界上那些最快乐、最成功的人士：几乎无一例外他们都在做着自己喜爱的事情，创作一些自己笃信的东西，生活中目标坚定与充满激情。

第四辑　揣好梦想上路 ······················· 143

梦想，是最初牵引你上路的激情，也是鼓励你赶路不止不变的鞭策，更是支撑你倒下也不屈失败不失志向的寄托。

揣着梦想上路，踏出一路风光。揣着梦想上路，无路也有希望。

第五辑　有一种爱让我们感恩一生 ·············· 183

父母就是常在寒冷深夜起床看你盖好被子没有的人，就是拼命给你盛鱼挟肉自己却说不爱吃这些东西的人，就是你远行时送你到路口看你远去直至走出他们视野仍在眺望的人，是……父母可以为了孩子付出一切，总是将最好、最宝贵的留给孩子，父母的爱是无条件的施予而不望回报。

第一辑　感悟人生

在这个世界上，凡事不可能一帆风顺，事事如意，总会有烦恼和忧愁。拥有一份随缘之心，你就会发现，天空中无论是阴云密布，还是阳光灿烂；生活的道路上无论是坎坷还是畅达，心中总是会拥有一份平静和恬淡。

温 馨

　　它虽融解在日子里了，却没有消亡，而是在光阴和岁月中渐沉淀，等待我们不经意间又想起了它。

　　温馨是纯粹的汉语词。

　　近年常读到它，常听到它；自己也常写到它，常说到它。于是静默独处之时每想：温馨，它究竟意味着什么呢？

　　是某种情调吗？是某种氛围吗？是客观之环境，抑或仅仅是主观的印象？它往往在我们内心里唤起怎样的感觉？我们为什么不能长期地缺少了它？

　　那夜失眠，倚床而坐，将台灯罩压得更低，吸一支烟，于万籁俱寂中细细筛我的人生，看有无温馨之蕊风干在我的记忆中。

　　从小学二三年级起，母亲便为全家的生活去离家很远的工地上班。每天早上天未亮便悄悄地起床走了，往往在将近晚上八点时才回到家里。若冬季，那时天已完全黑了。比我年龄更小的弟弟妹妹都因天黑而害怕，我便冒着寒冷到小胡同口去迎母亲。从那儿可以望到马路。一眼望过去很远很远，不见车辆，不见行人。终于有一个人影出现，矮小，然而"肥胖"，那是身穿了工地上发的过膝的很厚的棉坎肩所致，像矮小却穿了笨重铠甲的古代兵卒，断定那便是母亲。在幽蓝清冽的路灯光下，母亲那么快地走着。她知道小儿女们还饿着，等着她回家胡乱做口吃的呢！

　　于是我边跑着迎上去，边叫："妈！妈……"

　　如今回想起来，那远远望见的母亲的古怪身影，当时对我即是温馨。回想之际，觉得更是了。

小学四年级暑假中的一天，跟同学们到近郊去玩，采回了一大捆狗尾草。采那么多狗尾草干什么呢？采时是并不想的。反正同学们采，自己也跟着采，还暗暗竞赛似的一定要比别的同学采得多，认为总归是收获。母亲正巧闲着，于是用那一大捆狗尾草为弟弟妹妹们编小动物。转眼编成一只狗，转眼编成一只虎，转眼编成一头牛……她的儿女们属什么，她就先编什么，之后编成了十二生肖，再之后还编了大象、狮子、仙鹤、凤凰……母亲每编成一种，我们便赞叹一阵。于是母亲一向忧愁的脸上，难得地浮现出了微笑……

　　如今回想起来，母亲当时的微笑，对我即是温馨，对年龄更小的弟弟妹妹们也是。那些狗尾草编的小动物，插满了我们破家的各处。到了来年，草籽干硬脱落，才不得不一丢弃。

　　我小学五年级时，母亲仍上着班，但那时我已学会了做饭。从前，百姓家的一顿饭极为简单，无非贴饼子和粥。晚饭通常只是粥，用高粱米或苞谷子煮粥，很费心费时的，怎么也得两个小时才能煮软。我每坐在炉前，借炉口映出的一小片火光，一边提防着粥别煮糊了，一边看小人书。即使厨房很黑了也不开灯，为的是省几度电钱……

　　如今回想起来，当时炉口映出的一小片火光，对我即是温馨。回想之际，觉得更是了。由小人书联想到了小人书铺。我是那儿的熟客，尤其冬日去。倘积攒了五六分钱，便坐在靠近小铁炉的条凳上，从容翻阅；且可闻炉上水壶嗞嗞作响，脸被水蒸气润得舒服极了，鞋子被炉壁烘得暖和极了。忘了时间，忘了地点。偶一抬头，见破椅上的老大爷低头打盹，而外边，雪花在土窗台上积了半尺高……

　　如今想来，那样的夜晚，那样的时候，那样的地方，对于少年的我便是一个温馨的所在。回想之际，觉得更是了。

　　上了中学的我，于一个穷困的家庭而言，几乎已是全才子。抹墙，修火炕，砌炉子，样样活都拿得起，干得很是在行。几乎每一年春节前，都要将个破家里里外外粉刷一遍。今年墙上滚这一种图案，明年一定换一种图案，年年不重样。冬天粉刷屋子别提有多麻烦，再怎么注意，也还是会滴得到处都是粉浆点子。母亲和弟弟妹妹们撑不住盹，东倒西歪全睡了。只有我一个人还在细细地擦、擦、擦……连地板都擦出清晰的木纹了。第二天一早，母亲和弟弟妹妹们醒来，看看这儿，瞅瞅那儿，一切干干净净有条不紊，看得他们目瞪口呆……

如今想来，温馨在母亲和弟弟妹妹眼里，在我心里。他们眼里有种感动，我心里有种快乐，仿佛，感动是火苗，快乐是劈柴，于是家里温馨重重，尽管那时还没生火，屋子挺冷……

下乡了，每次探家，总是在深夜敲门。灯下，母亲的白发是一年比一年多了。从怀里掏出积攒了三十几个月的钱无言地塞在母亲瘦小而粗糙的手里，或二百，或三百。三百的时候，当然是向知青战友们借了些的。那年月，二三百元，多大一笔钱啊！母亲将头一扭，眼泪就下来了……

如今想来，当时对于我，温馨在母亲的泪花里。为了让母亲过上不必借钱花的日子，再远的地方我都心甘情愿地去，什么苦都算不上是苦。母亲用她的泪花告诉我，她完全明白她这一个儿子的想法。我的心使母亲的心温馨，母亲的泪花使我的心温馨……

参加工作了，将老父亲从哈尔滨接到了北京。十几年的一间筒子楼宿舍，里里外外被老父亲收拾得一尘不染。经常地，傍晚，我在家里写作，老父亲将儿子从托儿所接回来，但听父亲用浓重的山东口音教儿子数楼阶："一、二、三……"所有在走廊里做饭的邻居听了都笑，我在屋里也不由停笔一笑。那是老父亲在替我对儿子进行学前智力开发，全部成果是使儿子能从一数到十了。

父亲常慈爱地望着自己的孙子说："几辈人的福都让他一个人享了啊！"

其实呢，我的儿子，只不过出生在筒子楼，渐渐长大在筒子楼。

有天下午我从办公室回家取一本书，见我的父亲和我的儿子相依相偎睡在床上，我儿子的一只小手紧紧揪住我父亲的胡子——他怕自己睡着，爷爷离开他不知到哪儿去了……

那情形给我留下极为温馨的印象；还有老父亲教我儿子数楼阶的语调，以及他关于"福"的那一句话。

后来父亲患了癌症，而我又不得不为厂里修改一部剧本。我将一张小小的桌子从阳台搬到了父亲床边，目光稍一转移，就能看到父亲仰躺着的苍白的脸。而父亲微微一睁眼，就能看到我，和他对面养了十几条美丽金鱼的大鱼缸。这是父亲不能起床后我为他买的。10月的阳光照耀着我，照耀着父亲。他已知自己将不久于世，然而只要我在身旁，他脸上必呈现着淡对生死的镇定和对儿子的信赖。一天下午一点多，我突觉心慌极了，放下笔说："爸，我得陪您躺一会儿。"尽管旁边备有我躺的钢丝床，我却紧挨着老父亲躺了下去，并且，本能地握住了父亲的一只手。五六分钟后，我几乎睡着了，而父亲悄然而逝……

如今想来，当年那五六分钟，乃是我一生体会到的最大的温馨。感谢上苍，它启示我那么亲密地与老父亲躺在一起，并且握着父亲的手。我一再地回忆，不记得此前也曾和父亲那么亲密地躺在一起过，更不记得此前曾在五六分钟内轻轻握着父亲的手不放过。真的感谢上苍啊，它使我们父子的诀别成了我内心里刻骨铭心的温馨……

后来我又一次将母亲接到了北京，而母亲正病着。邻居告诉我，每天我去上班，母亲必站在阳台上，脸贴着玻璃望我，直到无法望见为止。我不信，有天在外边抬头一看，老母亲果然在那样望我。母亲弥留之际，我企图嘴对着嘴，将她喉间的痰吸出来。母亲忽然苏醒了，以为她的儿子在吻别她。母亲的双手，一下子紧紧搂住了我的头。搂得那么紧那么紧。于是我将脸乖乖地偎向母亲的脸，闭上眼睛，任泪水默默地流。

如今想来，当时我的心悲伤得都快要碎了。之所以并没碎，是因为有温馨黏住了啊！在我的人生中，只记得母亲那么亲爱过我一次，在她的儿子快50岁的时候。

现在，我的儿子也已大三了。有次我在家里，无意中听到了他与他同学的交谈：

"你老爸对你好吗？"

"好啊。"

"怎么好法？"

"我小时候他总给我讲故事。"

其实，儿子小时候，我并未"总给"他讲故事，只给他讲过几次，而且一向是同一个自编的没结尾的故事，也一向是同一种讲法——该睡时，关了灯，将他搂在身旁，用被子连我自己的头一起罩住，口出异声："呜……荒郊野外，好大的雪，好大的风，好黑的夜啊！冷呀！呱嗒，呱嗒……爪子落在冰上的声音……大怪兽来了，它嗅到了我们的气味儿了，它要来吃我们了……"

儿子那时就屏息敛气，缩在我怀里一动也不敢动。幼儿园老师觉出儿子胆小，一问方知缘故，就郑重又严肃地批评我："你一位著名作家，原来专给儿子讲那种故事啊！"

孰料，在儿子那儿，这竟变成了我对他"好"的一种记忆。于是不禁地想，再过若干年，我彻底老了，儿子成年了，也会是一种关于父亲的温馨的回忆吗？尽管我给他的父爱委实太少，但同一切似我的父亲们一样抱有一种奢望，那就是——将来我的儿子回忆起我时，或可叫做"温馨"的情愫多于"呜……呱嗒、呱嗒……"。

温馨，不是设计与布置的结果，不是刻意营造出来的。它储存在寻常人们所过的寻常的日子里，偶一闪现，转瞬即逝，融解在寻常日子的交替中。它也许是老父亲某一时刻的目光；它也许曾浮现于老母亲变形了的嘴角；它也许是我们内心的一丝欣慰；甚至，可能与人们所追求的温馨恰恰相反，体现为某种忧郁、感伤和惆怅。

它虽融解在日子里了，却没有消亡，而是在光阴和岁月中渐沉淀，等待我们不经意间又想起了它。

（梁晓声）

灯　祭

这是我送给父亲的第一盏灯。那灯守着他，虽灭犹燃。

父亲在世时，每逢过年我就会得到一盏灯。那灯是不寻常的。

从门外的雪地上捡回一个罐头瓶，然后将一瓢滚热的开水倒进瓶里，"啪"的一声，瓶底均匀地落下来，灯罩便诞生了。赶紧用废棉花将灯罩擦得亮亮的，亮到能看清瓶中央飞旋的灰尘为止。灯的底座是圆形的，木制，有花纹，面积比灯罩要大上一圈，沿边缘对称地钻两个眼，将铁丝从一个眼穿过去，然后沿着底座的直径爬行，再扎入另一个眼中，铁丝在手的牵引下像眼镜蛇一样摇摆着身子朝上伸展，两个端头一旦扭结在一起，灯座便大功告成了。那时候从底座中心再钉透一根钉子，把半截红烛固定在钉子上。待到夜幕降临时，轻轻捧起灯罩，"嚓"地点燃蜡烛，敛声屏气地落下灯罩，你提着这盏灯就觉得无限风光了。

父亲给我做这盏灯总要花上很多工夫。就说做灯罩，他总要捡回五六个瓶子才能做成一个。不是把瓶子全炸碎了，就是瓶子安然无恙地保持原状，再不就是炸成功了，一看却是一个猪肉罐头瓶子，怎么擦都浑浊，只好弃了。

尽管如此，除夕夜父亲总能让我提上一盏称心如意的灯。没有月亮的除夕夜里，这盏灯就是月亮了。我怀揣着一盒火柴提着灯走东家串西家，每到一家都将灯吹灭，听人家夸几句这灯看着有多好，然后再心满意足地擦根火柴点燃灯去另一家。每每转回到自家时，蜡烛烧得只剩下一汪油了。

那时父亲会笑吟吟地问："把那些光全折腾没了吧？"

"全给丢在路上了。"我说，"剩下最亮的光赶紧提回家来了。"

"还真顾家啊。"父亲打趣着我去看那盏灯。那汪蜡烛油上斜着一束蓬勃芬芳的光，的确是亮丽至极。将死的光芒总是灿烂夺目的。

过年要让家里里外外都是光明。所以不仅我手中有灯，院子里也是有灯的。院子中的灯有高有低。高高在上的灯是红灯，它被挂在灯笼杆的顶端，灯笼穗长长的，风一吹，刷刷响。低处的灯是冰灯，冰灯放在窗台上，放在大门口的木墩上，冰灯能照亮它的周围，所以除夕夜藏猫猫，要离冰灯远远的。无论是高出屋脊的红灯还是安闲地坐在低处的冰灯，都让人觉得温暖。但不管它们多么动人，也不如父亲送给我的灯美丽。

因为有了年，就觉得日子是有盼头的；而因为有了父亲，年也就显得有声有色；而如果又有了父亲送我的灯，年则妖娆迷人了。

年一过去后，新衣服就脱下来了，灯也收了，院子里黑漆漆的，那时候我就会望着窗外的雪花发怔，心想：原来一年之中只有几天好日子啊，而人为了那几天充满光明的好日子，就要整整辛苦一年。唉！

我一年年地长大了，父亲不再送灯给我，我已经不是那个提着灯串来串去的小孩子了。我开始在灯下想心事。但每逢除夕，院子里照例要在高处挂起红灯，在低处摆上冰灯。

然而父亲没能走到老年就去世了。父亲去世的当年我们没有点灯。别人家的院子灯火辉煌，我们家却黑漆漆的。我坐在暗处想：点灯的时候父亲还不回来，看来他是迷了路了。我多想提着父亲送我的灯到路上接他回来啊。爸爸，回家的路这么难找吗？

从此之后虽然照例要过年，但是我再也没有接受灯的那种福气了。

一进腊月，家里就忙年了。姐姐会来信叙说年忙到什么地步了，比如说被子拆洗完了，年干粮也蒸完了，各种吃食采买得差不多了，然后催我早点回家过节。所以，不管我身在西安、北京还是哈尔滨，总是千里迢迢地冒着严寒朝家奔，当然今年也不例外。

腊月廿六我赶回家中，母亲知道这个日子我会回去的。因为腊月廿七我们姐弟要请父亲回家过年。

我们就去看父亲了。给他献过烟和酒，又烧（捎）了些钱，已经成家立业的弟弟就叩头对父亲说：

"爸爸我有自己的家了，今年过年去儿子家吧，我家住在——"

弟弟把他家的住址门牌号重复了几遍，怕他记不住，我又补充说："离综合商场很近。"父亲生前喜欢到综合商场买皮蛋来下酒，那地方想必他是不会忘的。

父亲的房子上落着雪，周围都是雪，还有树，有时从树林深处传来鸟鸣。太阳极端明亮。

我们一边召唤着父亲回家过年，一边离开墓地。因为母亲住在姐姐家，所以我们都到姐姐家来了。我们都喜欢姐姐家的孩子小虎，他刚过周岁，已经会走路了，非常漂亮。

一进门母亲就抱着小虎从里屋出来了。我点着小虎的脑门说："把你姥爷领回来过年了。"

小虎乐了，他一乐大家也乐了。

当夜小虎哭个不休。该到睡觉的时辰了，他就是不睡。母亲关了灯，千般万般地哄，他却仍然嘹亮地哭着。直到天亮时，他才稍稍老实起来。

姐夫说："可能咱爸跟到这儿来了，夜里稀罕小虎了。"

我们都信了。

父亲没有看过他的外孙，而他生前又是极端喜欢孩子的。我们从墓地回来，纷纷到了姐姐家，他怎么会路过女儿的家门而不入呢？而他一进门就看见了小虎，当然更舍不得离开了。

母亲决定把父亲送到弟弟家去。

早饭后，母亲穿戴好后推起自行车，对父亲说："孩子也稀罕过了，跟我到儿子家去过年吧。"母亲哄孩子一般地说："慢慢跟着走，街上热闹，可别东看西看的，把你丢了，我可就不管了。"

我心想：这回母亲要把父亲丢了，一定是丢到街上的酒馆了。

母亲把父亲送走的当夜，小虎果然睡了个安稳觉。第二天早晨起来他把屋子挨个走了一遍，骨碌着一双黑莹莹的眼睛东看西看的，仿佛在找什么，小虎是不是在想：姥爷到哪儿去了？

初三过后，父亲要被送回去了。我愿意请他回来，而永远不希望送他回去。天那么冷，他又有风湿病，一个人朝回走会是什么样的心情呢？

正月十五到了。这天是我的生日。二十八年前，一个落雪的黄昏，我降临人世了。那时窗外还没有挂灯，天似亮非亮，似冥非冥，父亲便送我一乳名：迎灯。没想到我迎来了千盏万盏灯，却再也迎不来幼时父亲送给我的那盏灯了。

走在冷寂的大街上，忽然发现一个苍老的卖灯人。那灯是六角形的，用玻璃做成的，玻璃上还贴着"福"字。我立刻想到了父亲，正月十五这一天，父亲的房子该有一盏灯的。我买下了一盏灯。天将黑时，将它送到了父亲的墓地。

"嚓"地划根火柴，周围的夜色就颤动了一下，父亲的房子在夜色中显得华丽醒目，凄切动人。

这是我送给父亲的第一盏灯。那灯守着他，虽灭犹燃。

（迟子建）

老海棠树

这形象，逐年地定格成我的思念，和我永生的痛悔。

如果可能，如果有一块空地，不论窗前屋后，要是能随我的心愿种点什么，我就种两棵树。一棵合欢，纪念母亲。一棵海棠，纪念我的奶奶。

奶奶和一棵老海棠树，在我的记忆里不能分开，好像她们从来就在一起，奶奶一生一世都在那棵老海棠树的影子里张望。

老海棠树近房高的地方，有两条粗壮的枝丫，弯曲如一把躺椅，小时候我常爬上去，一天一天地就在那儿玩。奶奶在树下喊："下来，下来吧，你就这么一天到晚呆在上头不下来了？"是的，我在那儿看小人书，用弹弓向四处射击，甚至在那儿写作业，书包挂在房檐上。"饭也在上头吃吗？"对，在上头吃。奶奶把盛好的饭菜举过头顶，我两腿攀紧枝丫，一个海底捞月把碗筷接上来。"觉呢，也在上头睡？"没错。四周是花香，是蜂鸣，春风拂面，是沾衣不染海棠的花雨。奶奶站在地上，站在屋前，老海棠树下，望着我；她必是羡慕，猜我在上头是什么感觉，都能看见什么？

但她只是望着我吗？她常独自呆愣，目光渐渐迷茫，渐渐空荒，透过老海棠树浓密的枝叶，不知所望。

春天，老海棠树摇动满树繁花，摇落一地雪似的花瓣。我记得奶奶坐在树下糊纸袋，不时地冲我唠叨："就不说下来帮帮我？你那小手儿糊得多快！"我在树上东一句西一句地唱歌。奶奶又说："我求过你吗？这回活儿紧！"我说："我爸我妈根本就不想让您糊那破玩意儿，是您自己非要这么累！"奶奶于是不再吭声，直起腰，喘口气，这当儿就又呆呆地张望——

从粉白的花间，一直到无限的天空。

或者夏天，老海棠树枝繁叶茂，奶奶坐在树下的浓阴里，又不知从哪儿找来了补花的活儿。戴着老花镜，埋头于床单或被罩，一针一线地缝。天色暗下来时她冲我喊："你就不能劳驾去洗洗菜？没见我忙不过来吗？"我跳下树，洗菜，胡乱一洗了事。奶奶生气了："你们上班上学，就是这么糊弄？"奶奶把手里的活儿推开，一边重新洗菜一边说："我就一辈子得给你们做饭？就不能有我自己的工作？"这回是我不再吭声。奶奶洗好菜，重新捡起针线，从老花镜上沿抬起目光，又会有一阵子愣愣地张望。

有年秋天，老海棠树照旧果实累累，落叶纷纷。早晨，天还昏暗，奶奶就起来去扫院子，"刷拉——刷拉——"，院子里的人都还在梦中。那时我大些了，正在插队，从陕北回来看她。那时奶奶一个人在北京，爸和妈都去了干校。那时奶奶已经腰弯背驼。"刷拉刷拉"的声音把我惊醒，赶紧跑出去："您歇着吧，我来，保证用不了三分钟。"可这回奶奶不要我帮。"咳，你呀！你还不懂吗？我得劳动。"我说："可谁能看得见？"奶奶说："不能那样，人家看不看得见是人家的事，我得自觉。"她扫完了院子又去扫街。"我跟您一块儿扫行不？""不行。"

这样我才明白，曾经她为什么执意要糊纸袋，要补花，不让自己闲着。有爸和妈养活她，她不是为挣钱，她为的是劳动。她的成分随了爷爷算地主。虽然我那个地主爷爷三十几岁就一命归天，是奶奶自己带着三个儿子苦熬过几十年，但人家说什么？人家说："可你还是吃了那么多年的剥削饭！"这话让她无地自容，这话让她独自愁叹，这话让她几十年的苦熬忽然间变成屈辱。她要补偿这罪孽，她要用行动证明。证明什么呢？她想着她未必不能有一天自食其力。奶奶的心思我有点懂了：什么时候她才能像爸和妈那样，有一份名正言顺的工作呢？大概这就是她的张望吧，就是那老海棠树下屡屡的迷茫与空荒。不过，这张望或许还要更远大些——她说过：得跟上时代。

所以冬天，所有的冬天，在我的记忆里，几乎每一个冬天的晚上，奶奶都在灯下学习。窗外，风中，老海棠树枯干的枝条敲打着屋檐，摩擦着窗棂。奶奶曾经读一本《扫盲识字课本》，再后是一字一句地念报纸上的头版新闻。

在《奶奶的星星》里我写过：她学《国歌》一课时，把"吼声"念成"孔声"。我写过我最不能原谅自己的一件事：奶奶举着一张报纸，小心地凑到我跟前："这一段，你给我说说，到底什么意思？"我看也不看地就回答："您学那玩意儿有用吗？您以为把那些东西看懂，您就真能摘掉什么帽子？"奶奶立刻不语，惟低头盯着那张报纸，半天半天目光都不移动。我的心一下子收紧，但知已无法弥补。"奶奶。""奶奶！""奶奶——"我记得她终于抬起头时，眼里竟全是惭愧，毫无对我的责备。

但在我的印象里，奶奶的目光慢慢地离开那张报纸，离开灯光，离开我，在窗上老海棠树的影子那儿停留一下，继续离开，离开一切声响甚至一切有形，飘进黑夜，飘过星光，飘向无可慰藉的迷茫与空荒……而在我的梦里，我的祈祷中，老海棠树也便随之轰然飘去，跟随着奶奶，陪伴着她，围拢着她；奶奶坐在满树的繁花中，满地的浓阴里，张望复张望，或不断地要我给她说说："这一段到底是什么意思？"——这形象，逐年地定格成我的思念，和我永生的痛悔。

（史铁生）

那岂是乡愁

我岂能忘记那年的风雪，那北方古老的家园！

台北的雨季，湿漉漉、冷凄凄、灰暗暗的。

满街都裹着一层黄色的胶泥。马路上、车轮上、行人的鞋上、腿上、裤子上、雨衣雨伞上。

我屏住一口气，上了37路车。车上人不多，疏疏落落地坐了两排。所以，我可以看得见人们的脚和脚下的泥泞——车里与车外一样的泥泞。

人们瑟缩地坐着，不只是因为冷，还是因为湿。这里冬季"湿"的感觉，比冷更令人瑟缩，这种冷，像是浸在凉水里，那样沉默专注而又毫不放松地浸透着人的身体。

这冷，不像北方的那种冷。北方的冷，是呼啸着扑来，鞭打着、撕裂着、呼喊着的那么一种冷。冷得你不仅是瑟缩，而且冷得你打战，冷得你连思想都无法集中，像那呼啸着席卷荒原的北风，那么疾迅迷离而捉不住踪影。

对面坐着几个乡下来的。他们穿着尼龙夹克，脚下放着篮子，手边竖着扁担。他们穿的是胶鞋。胶鞋在北方是不行的。在北方，要穿"毡窝"。尼龙夹克，即使那时候有，也不能阻挡那西北风。他们非要穿大棉袄或老羊皮袍子不可的。头上不能不戴一顶毡帽或棉风帽，旁边有一个人在车板上擤鼻涕，在北方，冬天里，人们是常常流鼻涕的，那是因为风太凛冽。那让人喘不过气来的猛扑着的风，总是催出人们的鼻涕和眼泪。

车子一站一站地开行着。外面是灰蒙蒙的阴天，覆盖着黄湿湿的泥地。北方的冬天不是这样的。它要么就是一片金闪闪的晴朗，要么就是一片白晃晃的冰雪。这里的冷，其实是最容易挨过去的，在这里，人们即使贫苦一点，也不妨事的，不像北方……

车子在平交道前刹住，我突然意识到，我从一上了车子，就一直在想着北方。

那已经不是乡愁，我早已没有那种近于诗意的乡愁，那只是一种很动心的回忆。回忆的不是那金色年代的种种苦乐，而是那茫茫的雪、猎猎的风；和那穿老羊皮袍、戴着毡帽、穿"老头乐毡窝"的乡下老人，躬着身子，对抗着呼啸猛扑的风雪，在"高处不胜寒"的小镇车站的天桥上。

那老人，我叫他"大爹"，他是父亲的堂兄。那年，他已经五十多了。晒黑的、风尘仆仆的脸，朴实的五官，光头上戴顶土黄色的老毡帽。在那五进的宅院里，他辛辛苦苦地支撑着那个老旧家庭的生计。对外，他要照管田庄；对内，他要照管四代同堂的三十多口家族的婚丧嫁娶和日常生活。而他，总是那么慢吞吞地，手揣在袖子里，微躬着背，迈着一定大小的方步。他说话的时候，总是那么把声音拖得长长的，仿佛字斟句酌，惟恐说走了嘴似的。其实，他只是习惯那么慢吞吞，好像任何重大的突发事件，都不会使他震惊似的。

我从小随父母在都市谋生，偶尔才回一趟老家。在老家人的眼里，我们已经是"化外之民"。而我对"大爹"的行动，也只觉得陌生而不惯。我不喜欢大爹，因为在他面前，我拘谨不安，而且动辄得咎。所以，如无必要，我几乎是不理他的。他似乎也不喜欢我们这几个在都市里学了新派的晚辈。我们有时无意中唱唱歌或大笑几声，或说说从外面学来的国语，他都会一字一板地训我们几句，说我们粗野、忘本，没有一点书香人家的规矩。然后甩甩袖子，迈过门槛走开。

我每次回家，总是情愿呆在祖母房里。祖母是大爹的姊姊，大爹是长房里的。祖母似乎也不喜欢大爹，她总是责怪父亲，不该放下家当，赤手空拳地跑到外面去给工厂里做事。"这个家应该有你们一份的。"祖母叼着旱烟袋说，"你们倒慷慨！一家子到外面过去了。这家里的产业，可不就都给大房里占了去？看你大爹不声不响，老好人似的，岂不知庄上缴的、地里收的，都到了他手里。听他口口声声说穷，其实，谁有钱谁知道！只有我穷是真的。"祖母把旱烟袋里的烟灰磕掉，再去装烟，那烟叶是装在一个小小的蓝布口袋里的，发着呛人的气味。"我早就说，你们不在家里吃，这几年，省下来的，也够买几亩地的了。这还不是都入了你大爹的腰包？"祖母时常这样絮絮叨叨地说着，"将来分家的时候，说什么也不能马马虎虎的。你祖父弟兄三个，我们三一三十一，有钱分钱，有地分地。"

我不知道家里有多少可分的东西。除了我自幼在里面长大的这五进房子之外，我只听大爹跟父亲说过，有两个田庄，押给别人；有多少芦苇地，也当给别人了。只剩下一个"靳庄子"，现在家里的进项，只是靠"靳庄子"的收成。家里经常吃得很节省，我们每次回家，第一顿饭，大半是在外面喊的饺子，只有我们这几个从外面回来的人吃。以后，我们就跟着全家一同吃大锅饭。那菜多半是咸鱼、虾酱、小干鱼炒白菜、虾酱炖豆腐、咸菜拌豆腐。夏天的时候，后园里有自己种的茄子、南瓜和豆角。粮米多半是高粱、小米和棒子面。只有过年才吃米饭、馒头和猪肉。打仗的时候，家里吃一种面条，硬硬滑滑的，人们说，那根本不是粮食，不知是用什么做的。吃多了，胃会胀痛。

家里自己养鸡，反正一切自给自足。好像人们从来也不花钱似的，据说，只有我们回家的时候，才从外面买一点东西来吃，那是拿我们当客人招待的。

"别以为他对你们好。"祖母说，"你们几年不吃家里，省下的钱，够他招待你们的了！"

大爹的太太，我们的伯母，我们叫她大妈。大妈是家里的"心脏"。她永远是天不亮就起床。起床之后，她把自己打扮整齐，抱柴，烧水，把头天晚上浸好的秫米放在锅里煮粥。高粱米最难煮，要费很长时间，才可以煮稠。等我们起来的时候，红红的秫米粥已经盛在乌亮的瓦盆里，炕桌上摆好自家腌的酱菜和咸鱼，等着我们吃早饭了。

大妈和大爹不同，她总是笑脸迎人的。冬天，早上起来，她总是先问我们"夜里冷不冷"，然后舀热水，让我们洗脸。我常常注意着她那鹅蛋形的素脸，梳着光洁的发髻，她的眼睛很美，流溢着柔和的光。她里里外外地张罗着全家的琐事，决定着每天膳食的分配，四季衣裳的添制，记着每一房大人孩子的生日，到了那天，一大早，就有烧饼油条和鹅蛋，表示庆祝。她把那一大堆煮熟的圆溜溜的鹅蛋放在过生日孩子的炕上滚着，使人觉得那真是一种快活健朗的祝福。她说烧饼和油条是象征着腿的健康的。我很欣赏她这种祝福。她那明快、肯定而柔和的动作使我对她有无限好感。我还敬佩她每天早晚，必定按规矩到祖母房里来问问安，点烟倒茶，整理被褥，在门旁侍立一刻，闲谈几句，然后退出房门的那番礼法——那已经被我们这维新的一代弃之如遗的礼法。而祖母却说："你大妈当这个家，只会苦我们；她自己房里是富裕的，我才不稀罕她装模作样地来讨好我们！"

我不知道是否真的如此，我也不喜欢去深究这些。我并不关心老家财产的多少。自幼，我就受了父亲的影响。他常说："一个人靠祖产是没有出息的。我不在乎家里的财产，人人都该自立谋生。"

那正是那样一个转变的时代。许多读"洋学堂"的青年都丢下那旧得霉腐的老家，去外面自立谋生。他们投入一种新的、工业化的生活里。他们用时钟代替了太阳。他们过着连吃一根葱也要去买的日子。他们按月领薪水，而薪水总是不够开支。但是，他们穿得一天比一天考究，妇女们慢慢地讲求时髦，而且学会了打牌。当我们隔几年回一次老家时，老家的人们都带着惊羡的眼光看我们，而我们也为自己自立谋生和接触新的东西，学来新的"派头"而有点自豪。

但是，有一年，我们忽然不能自立谋生了！

那年，战争爆发，父亲忽然失业。小家庭的生活，怕的就是失业。我们没有积蓄，兄弟姊妹又多。正在彷徨无主，忽然接到大爹的信。我们拆开那旧式的印着红框的中国信封，看见大爹那朴拙的毛笔字。他写道："……小难逃城，大难逃乡。如在外生活不易，可随时返家团聚。家中虽清苦，然粗茶淡饭，尚可无缺……"

父亲一生好强，说："如果我发财还乡，还有脸回去。如今落魄，情愿

在外面流落，也不回去丢脸。"倒是母亲看出家里实在无法维持，暗中写了一封信回家。说，决定先让我带着两个妹妹回家，可以减轻一点负担，母亲和父亲带着弟弟则暂时在外面看看情形。

不两日，大爹来了回信，信中详细说明火车开到的时刻，让我们务必搭某日某班的火车回去。

那天，天气奇寒，风雪交加。十八岁的我，带着两个不满十岁的妹妹一上了火车。

火车在冰天雪地中奔驰。我们三人紧紧地挤在三等车厢里的一张椅子上坐着，茫然地望着外面的风雪。那平原真是荒凉，火车奔驰好几里，也看不到一户人家。只有冻僵的寒天、冻僵的河水、冻僵的平原、冻僵的枯树和抖颤的电线。那火车窗棂上积着高高的一层雪，车中的暖气驱不走那从四面八方袭来的严寒。我们的手和脚都冻得发痛。

那天，因为对面来的火车在路上出事误点，我们这班车在一个小站等着"会车"，等了好久，到达老家那小站时，已比平时晚了半小时余。冬天日短，车进站时，但见暮色苍茫。我们三个提着简单的行囊下了火车，那狂风吹得我们站不住脚。正在彷徨无主，却见大爹从那个写着站名的白色木牌后面跑过来。他脚下穿着大毡窝，身上穿着羊皮袍，头上戴着老毡帽。他跑的时候，那毡窝就陷在深深的雪里，使他举步维艰。他跑得那样吃力，而又那样快，使我们几乎不相信那就是大爹。我们从来也未见大爹跑过，他总是四平八稳地踱着方步的。而这次，他吃力地跑到我们面前，嘴唇"嗦嗦"地抖着，用他冻僵的手把两个妹妹搂在他怀里，说："好孩子！好孩子！冻坏了吧？孩子？"

两个妹妹被西北风夹着鹅毛大雪灌得喘不过气，扑在大爹怀里，一句话也说不出来，我在旁边把背对着风，满眼都是冰凉的泪，顾不得寒暄，只见大爹伸手接过我的箱子，说了一声："走吧！还得过天桥。"

小站的天桥是露天的，很简陋。高处风欺雪虐，我们又是逆风，大爹走在最前面，吩咐两个妹妹说："拉紧我的袍子！别抬头！我给你们挡着风！"两个妹妹紧紧抓住大爹的羊皮袍子后摆。我跟在后面，用围巾紧紧地裹住头和嘴。而那大片的雪和大股的风，"呼呼"地把我们一直往后推。我们连眼睛都睁不开，模模糊糊地只见大爹在前面躬着身子和寒风抵抗。走到天桥中间，忽然一阵疾风，把三妹的围巾吹飞，三妹被风吹得一个趔趄，险些从那稀疏简陋的栏杆上面掉下天桥去。大爹回身一把拉住了三妹，把他自己的围巾解下来，给三妹系在头上。又返过手来紧紧地拉住她们，踩着天桥上冻硬溜滑的积雪，步履蹒跚地走过了这惊险的一段。当我们下了天桥，走出站台之后，我才看见大爹的脸冻得发紫，他嘴上花白的短须，沾着白白亮亮的冰花。他的嘴里呵着白气，哆嗦着说："来来！我已经雇好了'刘把式'的车。""刘把式"的车在车站转角的地方等着，他是镇上一个熟识的马轿车夫，乡下称赶车的叫"车把式"。

上了那挂着棉篷的马轿车，我们并没有停止颤抖。车被棉篷紧紧地围住，里面黑洞洞的。风雪被阻挡在棉篷之外，而大爹却跨坐在外面的车辕上。旧时的规矩，妇女才盘膝坐在车里，男子是要"跨辕"的。

我们不知道大爹有多冷。从车站到家，还有三里路，又是逆风。当我们好不容易到家时，已经掌灯了。

老家还是那样，天已全黑，只有有煤油灯的地方是红红亮亮的。大爹把我们带到祖母房里，祖母房里生着炭火盆。大妈带着怜惜的笑容走过来，给我们打热水洗脸，给我们用开水冲茶汤喝了，我们渐渐暖上来。大妈让我们坐在烧热的炕头上，一面张罗给我们端饭，一面抱过簇新的棉被和枕头，问祖母，是让我们睡祖母的套『日 J，还是睡大妈的套间。"他二婶（指我母亲）那东厢房太冷了，还是让孩子们和我们住在一起吧。"她建议着。祖母带着欣慰的心情答应着，一面向我们问长问短。而大爹早又恢复了他那慢吞吞的踱方步，和那慢吞吞的说话的腔调。当我们一面吃饭，一面激动地讨论着外面的风雪时，他只"嗯嗯"地答应着，仿佛那是一件很平常的事。

而一直到后来，我们才想起，那天火车误点，他在风雪中多等了我们半个钟头，老天！那样的风雪！

许多事都是这样的，在当时，觉得很平淡。也不知道究竟有多艰难，也不知道究竟有多温暖，也不知道究竟有多感激。我只记得从那以后，祖母没有再提大爹独享我们财产的事，也不再提分家的事。

过了几年，战争完了，苦日子也过去了，我们才听说，大爹那些年省吃俭用，把押给人家的庄子已经赎了回来。芦苇地也差不多都赎回来了。镇上以前一共有四个有名的大户，后来都破落了。我们是其中之一。我们也是惟一留住祖产房屋，而且赎回祖产田庄的一户。

我想，假如从那时候不再荒乱该多好！努力和节俭本来是最真实、最不会被否定的东西。亲情也是最真实、最不会被否定的东西，而我们这一代就缺少那种福分！

我到了台湾，要结婚的时候，收到大爹一封信。信里附着一个红包，里面是四千万元的汇票。信上大意说："家中年景不好。我原为各侄女每人积存有一份妆奁，但不幸，币值贬降，这数目大约也只能给你买双丝袜了。伯伯不才，未能恪尽家长之责，希吾侄谅之。"

我岂能不"谅之"？我岂能不感激涕零？我岂能忘记那年的风雪，那北方古老的家园！那凄寒中如爝火般的光与热，那属于中华古国传统的含敛不露而真实无比的亲情！

（罗兰）

第一次抱母亲

我看见有两行泪水，从母亲的眼里流了出来……

母亲病了，住在医院里，我们兄弟姐妹轮流去守护母亲。轮到我守护母亲那天，护士进来换床单，叫母亲起来。母亲病得不轻，下床很吃力。我赶紧说："妈，你别动，我来抱你。"

我左手揽住母亲的脖子，右手揽住她的腿弯，使劲一抱，没想到母亲轻轻的，我用力过猛，差点朝后摔倒。

护士在后面托了我一把，责怪说："你使那么大劲干什么？"我说："我没想到我妈这么轻。"护士问："你以为你妈有多重？"我说："我以为我妈有100多斤。"护士笑了，说："你妈这么矮小，别说病成这样，就是年轻力壮的时候，我猜她也到不了90斤。"母亲说："这位姑娘真有眼力，我这一生，最重的时候只有89斤。"

母亲竟然这么轻，我心里很难过。护士取笑我说："亏你和你妈生活了几十年，眼力这么差。"我说："如果你跟我妈生活几十年，你也会看不准的。"护士问："为什么？"我说："在我的记忆中，母亲总是手里拉着我，背上背着妹妹，肩上再挑100多斤的担子翻山越岭。这样年复一年，直到我们长大。我们长大后，可以干活了，但每逢有重担，母亲总是叫我们放下，让她来挑。我一直以为母亲力大无穷，没想到她是用80多斤的身体，去承受那么多重担。"

我望着母亲瘦小的脸，愧疚地说："妈，我对不住你啊！"

护士也动情地说："大妈，你真了不起。"

母亲笑一笑说："提那些事干什么，哪个母亲不是这样过来的？"

护士把旧床单拿走，铺上新床单，又很小心地把边边角角拉平，然后回头盼咐我："把大妈放上去吧，轻一点。"

我突发奇想地说："妈，你把我从小抱到大，我还没有好好抱过你一回呢，让我抱你入睡吧。"母亲说："快把我放下，别让人笑话。"护士说："大妈，你就让她抱一回吧。"母亲这才没有作声。

我坐在床沿上，把母亲抱在怀里，就像小时候母亲无数次抱我那样。

母亲终于闭上眼睛。我以为母亲睡着了，准备把她放到床上去，可是，我看见有两行泪水，从母亲的眼里流了出来……

（张炜月）

圣诞礼物

一笔简单的红莲绘出多少形象之外的美善，一片片青叶支撑了多少纯真的祝福。

如果我是一位画家，这件事将变得简单，需要的只是纸、铅笔就可以将那小女孩从记忆中勾勒出来。当然，现在她已永远离开了这座都市，但对我而言，她是被装进了我的百宝箱，成为我永远的珍藏，只要我念声"芝麻开门"，就会让所有的人忌妒我的富有。

那是圣诞节的黄昏，我和搭档正跟田纳西夜总会售票台的小姐"起腻"。此时，一位身穿红色羽绒服的小女孩来到身旁，红扑扑的脸透着可爱。她脆生生地问我："叔叔，你进去听歌吗？"

"有什么事？"

小女孩从身后的书包里面抽出一张画，"如果你碰到我妈妈，请把这张画给我妈妈。我妈妈是歌手，她叫李洁。"

这是一张水彩画。白纸上，一塘的绿云绵延，独有一朵半开的红莲挺然其间，像一堆即将燃烧的火，更像那小女孩绽开的笑靥。一笔简单的红莲绘出多少形象之外的美善，一片片青叶支撑了多少纯真的祝福。

"为什么不自己给她呢？"

"我只知道她是歌手，却不知道是在哪一家歌厅，所以我花了两天的时间才画了这么些画……好了，谢谢叔叔，我还要去别的歌厅呢。"说完，蹬一辆小脚踏车消失在寒风中。

圣诞节也许是夜总会最热闹的一天。那温柔、缠绵的音乐使人心旌摇荡，玻璃屋顶下，赤橙黄绿青蓝紫的光晕浑然交错，旋转式灯球射出的光线散开、又聚集，把圣诞树映衬得格外迷人，纷乱的脚后跟敲在地板上，不知是灯光追逐着舞步，还是舞步追逐着灯光。

我俩坐在舞厅一角喝着咖啡，品嚼着厅堂里每个浪笑、高歌的女人。这时，飘来司仪甜甜的声音："下面由最受欢迎的夜莺小姐为大家献歌，请欣赏。"

夜莺？我与搭档相视一笑，稍一思忖，拿过一张点歌单，笔走龙蛇。

歌毕，掌声四起。夜莺接过我的纸条，款步迎来。近处的夜莺展示给我们的是一个美艳女人的成熟与丰韵，她的眼睛放射着大胆而火热的光。我们谈她的歌，她的美，她的风情，试图了解一些她的生活背景，而透过我们眼底积累的太多风尘，她终于也看出了我们的警察身份。"现在就要带我走么？"

夜莺正是我们"恭候"一晚上的目标，她因涉嫌参与团伙卖淫、吸毒而被拘传。

我们极绅士地陪同夜莺走出夜总会，跨进切诺基。在起动的同时，我调侃道："夜莺，多动听的名字。"

夜莺靠在后座上，慵懒地抽出一根烟叼在嘴上，"那是他们给我起的艺名，我的本名叫李洁。"

刺——我本能地踩住刹车。李洁？我从皮夹克里掏出那张小女孩的画，"瞧瞧，这是给你的吗？"接着，我把那仿佛童话中的小女孩描述一番。夜莺一改其散漫无羁的神情，露出惊喜的笑容，转瞬，泪洒烟落。原来那画的背面还写了字——

妈妈：

爷爷说乖孩子都会得到圣诞老人的礼物。我很乖，我的画在少年宫得了一等奖，爸爸还从国外给我寄了一盒彩笔。

妈妈，奶奶不让我理你，说你是坏孩子，我不信，坏孩子能唱出那么好听的歌吗？

妈妈，你什么时候能来看我画画呢？

此刻，夜莺已是泪流满面，她又点着一根烟猛吸了一口，突然，她扯住我的胳膊："警察兄弟，帮帮忙，去找找我女儿吧，她一定还在往各个舞厅送画呢，你让我看她一眼也行……"切诺基开始在夜色阑珊的都市中穿行。

在夜莺的喃语中，我们知道两年前夜莺的丈夫因偶然发现其吸毒，愤怒提出离婚，并且弃家出国。他们的女儿婷婷就一直跟着爷爷、奶奶一起生活。奶奶从不让夜莺去见婷婷，而她似乎也在纸醉金迷中找到了安慰和麻醉。

最是飞车喧嚣的街市，在陌生的表情间穿行，夜色层层加重，天空渐渐飘起了雪花。这座城市的歌舞厅、夜总会像天上的星星般遍布，失望如一条青藤爬满车上每个人的心壁。

忽然，在前方的十字路口，我看到那团火红一闪。紧踩油门，拐过街角，随着对面一阵尖锐的刹车，那团火红轻轻地飞了起来，缓缓地，飘落在湿冷的街面，犹如一片零落的红莲。

这是最冷的冬天。

她只是去歌厅为妈妈送份圣诞礼物，这简单美好的动作却要我终身难忘了。世上所有的车子都停了下来，人潮涌向马路中央，没有人知道，那躺在街面的就是夜莺的女儿。

我的眼睛被那片红莲覆盖，此刻，有歌声引我穿过喧哗，有心痛引我穿过寒风。更大的雪花融进我的眼眶，融进我的生命里来。

在刺耳的警笛声中，切诺基向医院发疯般地驶去。夜莺的泪飞扬在我手上，可那敲响圣诞钟声的夜却像一出幕落得迅雷不及掩耳的悲剧，把夜莺和我们的车永远地抛在了那朵红莲凋谢的背影之后……

夜莺一直在这样哭喊，那可爱的小女孩听没听到呢？

——婷婷，妈妈还没看你画画呀！你还没有看到妈妈成为乖孩子呵……

（蔡海鸥）

忘掉你的龅牙

很多时候，一些羞于示人的缺点会成为我们成功路上最大的瓶颈。其实，所谓缺点都是在我们的心里，如果我们自己认为那是不可逾越的，自然就难以跨越。可是，如果我们能够放下心灵的包袱，那些缺点不但不会成为我们的障碍，反而可能成就我们。

罗纳尔多是足球场上的英雄，被称为"外星人"的他是让所有的后卫最头疼的前锋，几乎每一位对手都会被他准确的射门、惊人的启动速度和无时不在的霸气所震慑。

但是，很少有人知道的是，这个当今绿茵场上纵情驰骋的英雄尽管拥有非凡的足球天赋，却并不是一开始就表现出色。

而妨碍罗纳尔多表现的，就是他的龅牙。刚刚走上绿茵场的他，认为自己的龅牙很不好看，担心被人们嘲笑。为了能够避免露出自己的龅牙，他常常紧闭嘴唇，即使是在上场比赛时，他也不肯稍稍松懈。

他一直都这样踢球，直到一个细心的教练发现了这一点。

教练把他换下了场，拍拍他的肩膀说："罗纳尔多，你在场上时应该忘掉你的龅牙，要知道，你的龅牙并不是你的错。如果你不张开嘴，你就无法自由地呼吸。而且要想让人们忘记你的龅牙，最好的办法不是闭上嘴，而是发挥你精湛的球技。"

从此，罗纳尔多在踢球时不再刻意掩盖自己的龅牙，他终于敢张开嘴自由地呼吸了。他的球技大进，在 17 岁时，他就进入了巴西国家队，并同队员们一起赢得了世界杯。他成了世界球王级的人物，不到 20 岁就获得了"世界足球先生"的称号。

而功成名就后的罗纳尔多似乎并没有为他的龅牙烦恼过，他所有的球迷都将目光盯在了他超凡的球技上。他们不但没有嘲笑他的龅牙，反而认为他的龅牙很性感。

如果当初罗纳尔多一直不敢张开嘴巴，足球历史上就不会增加一个超级球星，反而会出现一个气喘吁吁也不肯张嘴呼吸的笑料。

任何人都可能成为隐瞒自己"龅牙"的人，可是，人们不知道的是，掩盖反而更吸引他人的注意。只有自己不在意，才能够不让这些缺点成为束缚我们的障碍。

（佚名）

扔掉过去

过去或成功或失败，或快乐或伤痛，都属于过去。我们不该在一日之初、黎明升起之时还背负着昨日的伤痛。过去的一切都让它随风而逝吧，不要让昨天的伤痛令自己痛悔一生。

一位武术大师曾经以一双迅猛无敌的快腿令前来与之切磋武艺的人个个

佩服得五体投地，用"威震武林"四个字来形容这位武学大师的腿脚功夫，实在是恰当至极。可是现实正如人们经常说的那样"命运弄人"。

在一次上山采药的时候，武学大师不小心踩空悬崖，虽然命是保住了，但是双腿却齐刷刷地摔断了！

一向以腿脚功夫威震武林的武学大师此时连站立和行走都成了问题，过去迅猛无敌的快腿，此时只留下一双空空的裤管。

等到武术大师从昏迷中彻底清醒过来时，弟子们几乎不敢告诉他这个惨痛的消息，他们甚至不敢想象师父看到一双空裤管时会有怎样的反应。

可是当大师看到一双空裤管时，他并没有像弟子们想象的那样慌乱，更没有捶胸顿足地表达自己的痛苦和抱怨命运的不公。

他让弟子把自己扶起来，平静地吃下一些饭菜，然后就像过去一样坐在那里练习内功了。

练习完内功，看着一脸茫然的弟子们，武术大师说道："我想说两件事：第一，以后谁还想练腿脚功夫我还会像以前一样认真教导，只不过很难再亲自示范了；第二，从今天起我要练习臂掌部的功夫，我相信自己不会因为失去双腿而变成废人，你们也不必因为师父失去双腿而放弃在武学上的修炼。"几年以后，这位武学大师以其出色的掌上功夫赢得了更多人的敬仰。

当一位多年不见的老友看到他失去双腿而流泪叹息时，这位武学大师微笑着对老友说："我把过去的一切都扔掉了，所以能轻轻松松地生活、练武，可是你怎么还让几年前的痛苦扰乱久别重逢的兴致呢？"

（佚名）

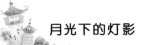

母亲的遗画

她抬起头，看着海边那一轮金色的夕阳，正缓缓地落向蓝色海岸的另一边。

凯瑟琳的母亲是在她5岁那年因车祸不幸去世的。那天是周五，凯瑟琳要和母亲一起到道斯先生的渔具店去买鱼钩，他们约好了周末全家一起到海边去钓鱼。凯瑟琳的父亲是镇上最棒的脑科医生，那天，他有个非常重要的手术，所以他就将购买鱼钩的重任交给凯瑟琳的母亲了。早上，凯瑟琳很早就醒了，她催促着母亲赶紧出门，晚了，道斯先生店里最好的那个金色的鱼钩恐怕就要被别人买走了。

母亲驾车带着凯瑟琳出了门，那天早上的雾很大，途中，一辆很大的卡车从拐弯处直直地朝着她们的汽车冲过来，连喇叭也没按。母亲为了保护凯瑟琳，向右猛打方向盘，车子撞到了右边的大树上。母亲因此受到剧烈撞击，导致脑颅内大出血，被送到了医院。

母亲的伤势很重，必须马上做开颅手术。而镇上的医院规模不大，整个医院只有两个脑科医生可以做这种手术：一个是正在邻镇度假的马丁内斯医生，一个就是正在为病人做手术的布鲁尔医生——凯瑟琳的父亲。

可正在手术中的父亲拒绝停止手术，母亲就在等待马丁内斯医生从邻镇赶回的途中去世了。

凯瑟琳不明白父亲为什么不愿意救母亲，而就这样眼睁睁地看着母亲死去，她幼小的心灵里充满了对父亲的怨恨。凯瑟琳执著地认为，是父亲害死了母亲。

从那天起，凯瑟琳不再和父亲说话，不管父亲如何对凯瑟琳解释那天的事情，凯瑟琳就是拒绝回应，她在用沉默对父亲施以无声的惩罚。

凯瑟琳就这样把自己封锁在了自己和母亲的世界里，除了母亲的照片，她甚至看也不看别人一眼。

两年后的一天，一个叫阿曼达的女人以继母的身份走进了凯瑟琳的生活。阿曼达是个很漂亮的女人，对凯瑟琳也非常好，可凯瑟琳就是不喜欢她。看到这个女人住着母亲曾经住过的房间，用着母亲曾经用过的厨具，凯瑟琳的心里就一阵阵的刺痛。她的脾气变得越发古怪，到最后，凯瑟琳甚至拒绝再开口对任何人说话。

父亲对凯瑟琳的自闭无可奈何，他用尽各种方法想帮助凯瑟琳走出心理阴影，可始终只能看到凯瑟琳毫无变化的表情。

这天，凯瑟琳又抱着母亲的照片呆呆地坐在阁楼里。门外传来了一阵脚步声，是阿曼达，她轻声地问凯瑟琳："嗨，凯瑟琳，我能进来吗？"

凯瑟琳没有答理她，她讨厌在这个时候看到阿曼达。阿曼达推门进来了，她用轻柔的语气微笑着对凯瑟琳说："我在卧室里找到了一个木匣子，看来是你母亲留给你的。"

一听是母亲的东西，凯瑟琳立刻从阿曼达的手中接了过来。她紧紧地抱着这个雕着花纹的木匣子，贪婪地闻着，仿佛其间正散发着母亲芳香的气息。阿曼达知趣地离开了阁楼。

凯瑟琳迫不及待地打开了木匣子，里面装着一幅画和一封信。这是一幅很美的油画，画的是一轮海边的夕阳，就好像他们在两年前约好前去钓鱼的海边一样美丽。油画里渲染上了所有美丽的色彩：红色，红得耀眼；黄色，黄得明亮；蓝色，蓝得深沉；绿色，绿得鲜嫩；还有金色，也是整幅画中用得最多的颜色，金得夺目……

凯瑟琳记得，母亲曾经学过一段时间的画画，可因为老是画不好，就放弃了。她却从不知道，母亲还画过一幅这么美的画呢。

信其实是母亲在画后写给凯瑟琳的随感，信里这样写着：

亲爱的凯瑟琳：

我不知道你什么时候才能看到这封信，因为现在你还小，可能还不能明白其中的意思。等你稍大些，也许就会看懂这封信了。

我原以为自己这辈子也画不出一幅好画了，因为我试了那么多次，却总是失败。这幅画原是一幅放弃的初稿，我画的是海边的夕阳，可在今天，我看到海边的朝阳时，灵感突发，竟发现这幅放弃的初稿其实是幅佳作。

完成这幅油画，我突然之间有了一种顿悟：一件事情，如果能学会从另一个角度去看待，也许就能走出困境。在你心情沮丧的时候，你看到的是夕阳，可当你充满希望的时候，你就会看到一轮朝阳，纵然你看到的其实是同一幅画。

其实，生活也是一样。上帝赐予你的从来都不曾改变过，只看你如何去对待。你的态度不同，也许就会是截然相反的两个结果。

孩子，我的凯瑟琳，我真心希望你看到这幅画时，看到的是一轮充满希望的朝阳。如果你有什么不开心，就看看这幅画吧，挖掘出自己生命中的每一个希望。

母亲的信让凯瑟琳一下子找到了生活的意义，她告诉自己，绝不能辜负母亲的期望。为了母亲，她不会再自暴自弃。她一改从前，十分努力地学习和生活着，而每当她不开心的时候，就会拿出母亲的那幅画，寻找母亲当年坚持的痕迹，给自己度过难关的力量。

时光如梭，凯瑟琳很快长成了一个亭亭玉立的大姑娘，而岁月的沉淀也让凯瑟琳明白了许多生活和生存的道理。她终于懂得了父亲当年为何会做出那样的抉择：虽然手术室外躺着的是自己的妻子，可一个医生的职业道德让他选择了继续手术。凯瑟琳为有这样的父亲而自豪。

"对不起！"当凯瑟琳极其内疚地对父亲说出这声迟到了几年的道歉时，她听到了父亲喜极而泣的哽咽声。

周末，凯瑟琳和父亲来到了久违的海边，他们用金色的鱼钩钓鱼，而阿曼达为他们准备可口的食物。

闲聊中，凯瑟琳无意间提到母亲的那幅关于朝阳的油画时，父亲的脸上满是讶异。他告诉凯瑟琳，母亲当年因为久学不成，早就放弃了画画了，他一点儿也不知道，母亲还画过什么朝阳。倒是阿曼达，她曾经画过一幅名为《最后一抹夕阳》的作品，而且还在她的家乡引起过轰动呢。只是不知为何，在凯瑟琳7岁那年，阿曼达就扔掉了画笔，不再作画。她说是因为自己的创作灵感已经枯竭，而且还不允许任何人再在她的面前提起画画的事情。

凯瑟琳这时才明白，阿曼达当年是如何为了挽救一个走进误区的孩子，而牺牲了自己的事业的。她抬起头，看着海边那一轮金色的夕阳，正缓缓地落向蓝色海岸的另一边。那一刻，凯瑟琳泪如雨下。

（胡猫编译）

母亲的心

　　她遗忘了生命中的一切关联，一切亲爱的人，而惟一不能割断的是母亲的血缘。

　　朋友告诉我：她的外婆老年痴呆了。先是不认识外公，坚决不许这个"陌生男人"上她的床，同床共枕了50年的老伴只好睡到客厅去。然后有一天出了门就不见踪迹，最后在派出所的帮助下才终于将外婆找回。原来外婆一心一意要找她童年时代的家，怎么也不肯承认现在的家跟她有任何关系。

　　哄着骗着，好不容易说服外婆留下来，外婆却又忘了她从小一手带大的外孙外孙女们，以为他们是一群野孩子，来抢她的食物，她用拐杖打他们，一手护住自己的饭碗："走开走开，不许吃我的饭。"弄得全家人都哭笑不得。

　　幸亏外婆还认得一个人——朋友的母亲，记得她是自己的女儿，每次看到她，脸上都会露出笑容，叫她："毛毛，毛毛。"黄昏的时候搬个凳子坐在楼下，唠叨着："毛毛怎么还不放学呢？"——毛毛的女儿已经大学毕业了。

　　家人吃准了外婆的这一点，以后她再说要回自己的家，就恫吓她："再闹，毛毛就不要你了。"外婆就会立刻安静下来。

　　有一年"十一"，来了远客，朋友的母亲亲自下厨烹制家宴，招待客人。饭桌上外婆又有了极为怪异的行动。每当一盘菜上桌，外婆都会警觉地向四面窥探，鬼鬼祟祟地，仿佛一个小偷似的。终于判断没有人在注意她，外婆就在众目睽睽下夹上一大筷子菜，大大方方地放在自己的口袋里。当然是宾主皆大惊失色，却又彼此都装着没有看见，只有外婆自己仿佛认定自己干得非常巧妙隐秘，露出欢畅的笑容。那顿饭吃得实在是有些艰难。

上完最后一道菜，一直忙得脚不沾地的朋友的母亲，才从厨房里出来，一边问客人"好吃不好吃"，一边从盘子里拣出些剩菜吃。这时，外婆一下子站了起来，一把抓住女儿的手，用力拽她，女儿莫名其妙，只好跟着她起身。外婆一路把女儿拉到门口，警惕地用身子挡住众人的视线，然后就在口袋里掏啊掏，笑嘻嘻地把刚才藏在里面的菜捧了出来，往女儿手里塞："毛毛，我特意给你留的，你吃呀，你吃呀。"

母亲双手捧着那一堆各种各样、混成一团、被挤压得不成形的菜，好久才愣愣地抬起头，看见外婆的笑脸，她突然哭了。

疾病切断了外婆与外界的所有联系，让她遗忘了生命中的一切关联，一切亲爱的人，而惟一不能割断的是母亲的血缘。她的灵魂也许在病魔侵蚀下慢慢死了，然而永远不会死去的是一颗母亲的心。

（佚名）

北风乍起时

在寒潮乍起的清晨，他深深牵挂的，是北风尚未抵达的武汉，却忘了北风起处的故乡和已年过七旬的母亲。

看完电视以后，老王一整晚都没睡好。第二天一上班就匆匆给武汉打电话，直到9点，那端才响起儿子的声音："爸，什么事？"他连忙问："昨晚的天气预报看了没有？寒流快到武汉了，厚衣服准备好了吗？要不然，叫你妈给你寄……"

儿子漫不经心："不要紧的，还很暖和呢，到真冷了再说。"

他絮絮不休，儿子不耐烦了："知道了知道了。"搁了电话。

他刚准备再拨过去，铃声突响，是他住在哈尔滨的老母亲，声音颤巍巍的："天气预报说，北京今天要变天，你加衣服了没有？"疾风阵阵，从他忘了关好的窗缝里乘虚而入，他还不及答话，已经结结实实打了个大喷嚏。

老母亲急了："已经感冒了不是？怎么这么不听话，从小就不爱加衣服……"絮絮叨叨，从他7岁时的"劣迹"一直说起，他赶紧截住："妈，你那边天气怎么样？"老人答："雪还在下呢。"

他不由自主地愣住了。

在寒潮乍起的清晨，他深深牵挂的，是北风尚未抵达的武汉，却忘了北风起处的故乡和已年过七旬的母亲。

人间最温暖的亲情，为什么竟是这样的？老王自己都有点发懵。

（叶倾城）

生日卡片

原来世间所有的母亲都是这样容易受骗和容易满足的啊！

刚进入台北师范艺术科的那一年，我好想家，好想妈妈。

虽然，母亲平日并不太和我说话，也不会对我有些什么特别亲密的动作；虽然，我一直认为她并不怎么喜欢我，平日也常会故意惹她生气；可是，一个14岁的初次离家的孩子，躲在宿舍被窝里流泪的时候，呼唤的仍然是自己的母亲。

所以，那年秋天，母亲过生日的时候，我特别花了很多心思做了一张卡片送给她。在卡片L，我写了很多，也画了很多，我说母亲是伞，是豆荚，我们是伞下的孩子，是荚里的豆子；我说我怎么想她，怎么爱她，怎么需要她。卡片送发出去了以后，自己也忘了，每次回家仍然会觉得母亲偏心，仍然会和她顶嘴，惹她生气。

好多年过去了，等到自己有了孩子以后，我才算真正明白了母亲的心，才开始由衷地对母亲恭敬起来。

十几年来，父亲一直在国外教书，只有放暑假时偶尔回来一两次，母亲就在家里等着妹妹和弟弟读完大学。那一年，终于，连弟弟也当完兵又出国读书去了，母亲才决定到德国去探望父亲并且停留下来。出国以前，她交给我一个黑色的小手提箱，告诉我，里面装的是整个家族的重要文件，要我妥善保存。黑色的手提箱就一直放在我的阁楼上，从来都没想去碰过，一直到一天，为了找一份旧的户籍资料，我才把它打开。我的天！真的是整个家族的资料都在里面了。有外祖父早年那些会议的照片和札记，有祖父母的手迹，他们当年用过的哈达，父亲的演讲记录，父母初婚时的合照，朋友们送的字画，所有的纸张都已经泛黄了，却还保留着一层庄严和湿润的光泽。

然后，我就看到我那大卡片了，用红色的圆珠笔写的笨拙的字体，还有那些拼拼凑凑的幼稚的画面，一张用普通图画纸折成四折的粗糙不堪的卡片，却被我母亲仔细地收藏起来了，收在她最珍贵的箱子里，和所有庄严的文件摆在一起，收了那么多年！

卡片上写着的是我早已忘记的甜言蜜语，可是，就算是这样的甜言蜜语也不是常有的。忽然发现，这么多年来，我好像只画过这样一张卡片。长大了以后，常常只会选一张现成的印刷好了的甚至带点香味的卡片，在异国的街角，匆匆忙忙地签一个名字，匆匆忙忙地寄出，有时候，在母亲收到的时候，她的生日都已经过了好几天了。所以，这也许是母亲要好好地收起这张粗糙的生日卡片的最大理由了吧。因为，这么多年来，我也只给了她这一张而已。这么多年来，我只会不断地向她要求更多的爱，更多的关怀，不断地向她要求更多的证据，希望这些证据能够证明她是爱我的。而我呢？我不过只是在 14 岁那一年，给了她一张甜蜜的卡片而已。她却因此而相信了我，

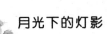
并且把它细心地收藏起来，因为，也许这是她从我这里能得到的惟一的旺据了。

那一刹那，我才发现，原来，原来世间所有的母亲都是这样容易受骗和容易满足的啊！

（席慕蓉）

偶然和必然

当我们也都年过花甲，到了鬓发斑白的时候，"打打架"该是一种多么有滋味的回忆。

如果说，在我人生三十几年的生活道路中有哪一个选择使我终身受益的话，那么，这个选择是十三年前的那一次：我选择了他做我的丈夫。可十三年前，我的同学和老师都为我的选择吃了一惊。关心我的同学说："你难道准备和一个随时有残废危险的人过一辈子？"

偶然——在人生中有时起着极其重要的作用。要不是听了李厚基先生那一堂十分精彩的《红楼梦》课，我就不会死乞白赖地从外语系转到中文系，也就不会遇见他。

1975年，那时，下午的课常常被政治学习占领。一次，下午课是讨论"怎样看待张铁生的入学考试和右倾翻案风"。各组代表依次发言，大讲"工农兵学员上、管、改大学的伟大意义"、"张铁生的造反精神……"我心不在焉地听着，突然听见个不入调的声音："凭劳动态度录取大学生，考'0'分上大学，当英雄，这是对知识的极不尊重，是对教育的嘲弄。我担心，这样下去，我国将一代不如一代，将来，会出现一批文盲。"此话一出，满堂皆惊，有的同学情不自禁地转脸看看在场的工宣队和系总支书记。有个同学立即站起身，措词激烈地列举大量事实，批判他，一顶顶帽子压过去。可他不动声色地听着，慢慢站起身，微笑着说："你说的那些事实我不清楚，请原谅我的孤陋寡闻。我只知道，我妹妹的高中二年级课本里刚刚讲完二元一次方程……"

我们班的全部知青都是文革前的高中学生，自然都知道二元一次方程不过是初一的课程，班里一时间十分安静。

我第一次注意地看了看这个男生：穿一套洗白了的旧军装，剃一平头，虎头虎脑的，个子挺高。我仿佛以前从没见过他。同座告诉我，他叫孙力，父亲得了癌症，他老逃学去陪父亲，是个孝子。我不禁暗自为这个孝子捏了把汗。

过后，工宣队派人调查他的表现，我不知道为什么替他说了那么多好话。他碰上了好人，当时的系总支书记，竟没让他倒霉。

后来，关于孙力的一些传闻从喜欢在一块儿大侃神聊的知青堆中传来。什么带着一帮一中的兵团知青从蒙古包里"抢"走正在挨丈夫毒打流血只剩下一口气的"傻"扎根派北京女知青，并把她转移回京啦；什么万人大会上和团长辩论让凶神恶煞的团长哑口无言啦；什么骑马带着一帮兵团哥儿们到各个连队去给受气的知青"出气"啦……孙力在这些传闻中简直像个威风凛凛的"山寨大王"，讲义气，胆子大，可是老有那么点儿"野"劲儿，也有那么点神秘色彩。

毕业了，我们各奔东西。班上的尖子生，学生干部都分到机关，高等院校，他自然后分，分到家门口的一所中学去教书。

刚刚分配工作，同学们还十分热衷于串门，你来我往十分频繁。我发现，不知从什么时候起，他居然成了一部分女生的议论中心。我老是在同学中得到他的消息。他父亲去世了，几乎半班的同学都去看望他，可是我没去。矜持和骄傲阻止了我，潜在的因素是什么？怪他没来看我，还是……我没有想过。

有同学告诉我，某日他要来看我。

那天，阳光明媚，我洗了衣服，收拾好房间，不知为什么心情总有点紧张，一次次地去窗口看。终于，他来了，不是一个人而是一群人。我无名火从心里涌起，理也不理他，给其他的人都削了水果，惟独不给他。他红了脸，尴尬地站起身，告辞了。一阵失落感擒住了我。两个多月来难得见的一面，只有两分钟。

后来，我才知道，他为了见我这一面，煞费苦心。先是和我要好的一个"女生"透点气，好让这个快嘴的女生捎信给我。又去找几个男生说去看某某人，一家家地看，——直看到离我家最近的一个同学家，才仿佛是刚想到似的提议"都走到这儿了，咱们顺便去看看……"如此"顺便"地看了我两分钟，为什么？

骄傲和自尊，同样阻止了他。多么愚笨的两个恋人。

如果不是那场几乎使他致命的大病，也许，我们两人内心的这点秘密，就永远地成为记忆。

他一夜之间，双腿由麻木到失去知觉，麻痹部位逐渐上移接近心脏。医生在接受他住院时，通知学校领导，他的生命难以维持一周。

我得知他住院的消息，是在他被诊断为脊髓癌的时候。我和一位同学急匆匆赶往医院，我发现自己的手脚冰凉，骑车的动作麻木而机械。他躺在病床上，脸色苍白，看见我，眼睛露出难以掩饰的惊喜。

"没想到惊动了你。"他仍旧是过去那份诙谐的语气，微笑着，眼圈都发红。

"我刚刚知道……"我心痛得发抖。

"知道什么？知道我快死了？"他似乎恢复了平静，从容地说。

"不，不会的……"我想安慰他，又找不出合适的语言。

"甭安慰我，我全知道。我这人有灵感，从别人脸上能看出我的病情。"

"你害怕吗？"我嘴里竟冒出一句蠢话。

"怕什么？像我这样活着，拉屎拉尿靠别人伺候，活着不如死掉！"

他有点激动，停了一下，静静地说："我一生够本了，什么都经历过了……"

二十五岁的人生不过刚刚开始，仅仅是兵团的传奇就算什么都经历过吗？不！你还要有许许多多的经历，我真想叫出来。但我一句话也说不出来。后来，我才知道，我原先知道的那些不过是他二十五年的一些皮毛，他有许多奇特、曲折的经历是别人难以想像的，是属于他自己的财富。

我们相爱了。我们谈过去、谈未来、谈人生，一切都那么合拍，那么协调，仿佛并没有死神的威胁。

与这不协调的是现实，略带残酷的现实。妈妈爸爸知道了，炸了窝，"你要吃一辈子苦！"劳舅介绍个驻外三秘，我拒绝："他没下过乡。"妈妈介绍个老朋友之子，我拒绝："他没思想。"

妈说我"鬼迷心窍"，我依旧我行我素。即使短暂，我们也有过真诚相爱，人生不会后悔。

他没有死，医院会诊确诊为脊髓蛛网膜炎，排除了癌。这对我们是个天大的喜事。他脸上的表情却"死"了，冷若冰霜。"以后，你不要来了，我不需要你。"下班后，我骑了五十分钟自行车，风尘仆仆地来看他，得到的是冷冰冰的语言，我真委屈。

"我的病比癌更糟，可能一辈子站不起来，我会毁了你。"这才是真情，他为了我，我哭了："我会给你做把轮椅，推着你。"

一天，我刚进病房，病友的陪伴就慌忙告诉我，昨夜，他趁夜深人静，自己悄悄爬下床，用手撑着，想自己去上厕所，结果狼狈透了，跌在地上再也爬不起来，直到有人发现了他，身上都跌肿了。

大家同声斥责他，大夫、护士和我。

奇迹出现了，他的腿开始有了一点点知觉，医生认为这不过是局部缓解，整个病症并无改观，他却抓住了希望。

"你肯定会创造奇迹的！"我说。

奇迹出现了。半年后，当他甩开双拐，迈出第一步时，连主治大夫都大吃一惊。

他笑着说："这也是爱情的奇迹，我总不能让你推一辈子轮椅呀！"

我们谁也忘不了那日日夜夜：我架扶着他，在楼道练走路，爬楼梯。为了治疗、诊断，他抽了七次脊髓，服用大量激素，他变得肥胖，脸上布满了疙瘩。

当我把已经会瘸着腿走路的他带回家里时，妈妈吃惊地对我说："果真是见了鬼了，我说的一点不错，你是不是发痴呀？他怎么长得这个样子？"

我好像根本没注意到他变了形，也没觉得变了形的他有多么难看，恋爱中的人是看不清相貌的。

我们结了婚。蜜月是在地震棚中度过的。我们把一张大床垫子垫在一张架高的大床下，每天钻进地铺下睡觉。这时期，专业人员和业余人员的地震警报搞得人心慌慌，我们却置若罔闻，仿佛存安全岛里，有着充分的时间，谈不完的话。

我们谈到了曾有过的许许多多的感觉和误会。这种回忆从那时起便一直常常伴随着我们，成为我们实际上开始的艰难的生活车轮的润滑剂。它是甜蜜的，每当我们觉得生活很苦很累时，它便中和了生活的味道。它是灭火剂，每当我们因为上下牙的磕碰而发生战火时，它便来消防，使充满火药味的晚上瞬间便烟消云散，只要有人提起一句"想当初……"。

新婚的头几年，我的日子从没有这样的艰难，哺乳，喂婴，生火，做饭，洗涮，缝被整衣，柴米油盐……这一切赶跑了一个年青女子的娇嫩和她所有的好脾气。从来快快乐乐的我变得暴躁，从不会于家务的我常常把一切弄得很糟很糟。只有看到儿子那粉团团的小脸时才有一腔柔情。我把每天的二十四小时都给了儿子，但我却忽略了儿子的父亲。后来，他对我说："那一阵子，我都想和你离婚了。"

"真的？"我不相信地看着他胡子拉碴的脸。

"然后去当你的儿子。"

我笑了，他爱儿子，也嫉妒儿子，儿子占去了他妻子太多的爱。

生活是那样的使人疲惫。那会儿，我在工艺美院当着个"官"，这对我是个苦差事，我天生不是当官的料，便调了工作，到离家近的中医学院当"笔杆子"，这活儿倒颇对心思，但老写官样文章也让人厌烦。

不久，我开始爬格子，写小说，这总算在我的枯燥的工作之外为自己找到一件有兴趣的事。他是我每件作品的初审和终审，打腹稿时跟他讲，写过稿后给他看，他比我的责任编辑还挑剔，从来也没说过一句好话。

"你写一篇给我看看，老是说这不好那不好的。"我不服地说。

"写小说？"他不屑地瞧瞧我的小说稿，"那都是些干不成事儿的人才干的事。比如你啦，当'官'也当不好，开会又太无聊，只好写小说。"

"算了吧，你有什么事业？"

"当然有啦，比如'管厕所'啦。"他晃动着手中的钥匙。

我噗地笑出声来。"管厕所"这是个我们家的"典故"。他这人对工作有一种天生的热爱，不论是干什么工作，做什么事情。最乏味的事情，他能从中找出兴趣来；最低下的工作，他仍干得津津有味，常常晚上到很晚了，还跟我大侃他干的那些"很重要"的工作，总像是在干什么惊天动地的大事业。屁大的"官"儿，他能当成"皇上"模样。我常嘲笑他，又忍不住兴致勃勃地听他侃。一天最开心的，就是晚上听他"侃"一天的所做所为。

"管厕所"是他在病后上班不久后干的一件工作——管学校的迎外宾招待室兼外宾厕所（他们学校是市重点中学，常有外国人来访，因之必备给人专用的二室）。他干得挺认真，而且居然有声有色，后来让校长发现，"提拔"成了班主任，结果一个乱班成了校先进集体；又"提拔"成年级组长，年级组又成了先进；最后当团委书记，结果发明了演讲会，组织学生自我教育，居然推广到全国；他又当选为团市委委员，很快又调到团校当负责人。

我这次没笑多久。厄运突然降临到他头上。一封匿名信以见不得人的手段向他开刀了，而当时的市委书记竟做了批示。没有了工作，他就像没了魂儿。

这时，我正在写一部中篇，刚刚写了前三章。"干脆，你写小说吧。"我说。

"我从来不写这个。"

"你不是说干不成事儿的人才写吗？现在，你能干什么？等审查？写吧，写了就不闷了。"

他便接着写了下去，一写就上了瘾。人物活活地出来了，故事也愈加复杂。每天六七千字的速度，很快一部十三万字的小长篇脱稿了。当他的"政治审查"结束时，我们接到了出版社的信：小说已经三审通过，发稿。后来，我们又把它改成中篇《真诚》，发表后很快被中篇小说选刊选载，并接到了上百封读者来信。

匿名信使我们夫妇合作写小说开始了。

逆境是人的黏合剂。有了这年的厄运，我们的生活多了一道彩虹。过去，我写，他忙，像两条不搭界的轨道，而现在却是连接在一起的车厢。

他的"问题"被彻底澄清后，被派到天津《青年报》社当总编辑。不久，他又"旧病复发"，热恋他的工作了。他广泛的社会活动和参与精神为我们的创作提供了丰富的生活依据和创作灵感。他认为，文学不是生活的全部，只是热爱生活和创造生活的人才能创作出真正的文学作品，所以，他对生活，总是先投入，再描绘。在他那里，永远没有脱离大众、孤芳自赏的贵族情调和阴暗、畸形的心理。

我们后来又写了中篇、电影文学剧本和长篇小说，每一个新的构思出来后，我们为之兴奋；每一个人物诞生后，我们便与他同呼吸共命运。似乎，我们笔下的人物就生活在我们周围。常常我们用这些人物来打趣对方，而这些隐语只有我们两个人知道。生活中又多了些饶有兴趣的东西。

合作也常常不尽人意，两个人同样自以为是，同样的固执，审美感觉又不一样，因此"战争"常常伴随着我们每部合作作品的始终，而且互不相让，以至于儿子从梦中惊醒了说："求求你们，别再写小说了，一写就打架。"

"能在一起打打架也是好的。"刚刚失去丈夫的妈妈说，话里有无限的沧桑。是的，当我们也都年过花甲，到了鬓发斑白的时候，"打打架"该是一种多么有滋味的回忆。

（余小惠）

和你抢巧克力的人

你和谁一辈子在一起吃饭，是一件比什么都重要的事情。

印象中爷爷和奶奶是一对老小孩，按古人的说法，举案齐眉相敬如宾方是恩爱夫妻。我就从没见过爷爷奶奶吃菜的时候像小说写的那样把最好吃的部分夹给对方，更没见过他们吃菜的时候彼此谦让过。小时候我曾固执地以为爷爷奶奶不恩爱……

爷爷是个懂礼貌但对饮食品位极为考究的人，如果一道菜不合他的口味，他绝不会表示一点不满意：非常礼貌地夹一点，作津津有味状。如果你劝他多吃一点，他会说饱了。奶奶教训他："再吃一点，又剩那么多！"他甚至非常诚恳地拍拍肚子以示真的饱了。不过假如这时候有一道非常好吃的菜端上桌，爷爷立刻会伸出筷子。

当遇上特别好吃的东西他们甚至会当着我这个孙子的面抢着吃！并有理论支撑"抢着吃有味道！"

一次爷爷的老同学从美国寄来一盒巧克力，味道简直让人欲仙欲死。不过巧克力盒子里整整齐齐十四种口味，造型各异的巧克力，每一种只有两块。这可是一个大难题，三个人怎么分呢，试着把它们切开来？几乎每块里面都有果仁甚至液体的馅儿，想分成规则的三份是不可能的！我们达成共识——每天下午品尝两种口味。糖果是小孩的专利，我自然有优先权，爷爷奶奶总不好意思抢我那份儿吧？但接下来围绕如何分剩下的两块，爷爷奶奶展开了一番互不相让的谈判。最后决定用一种"公平"方式来解决：一人一块，第一天奶奶有优先挑选权，第二天就由爷爷优先挑选，以此类推。

奶奶精心挑了一块自己最满意的，爷爷小心翼翼地咬了一口剩下的那一块，作出非常陶醉和心满意足的样子，奶奶立刻有后悔的表情，最后只好两个人交换互咬一口，还不忘相互抱怨："你咬了这么大一口！""我还没有咬到呢，宽宽，你爷爷是个小气鬼。"那个星期的每天下午，围绕巧克力，老头儿老太都会拌嘴半天……

后来我慢慢发现爷爷奶奶围绕食物的争执有时更像一种仪式，如同野蛮人如果面对丰盛的猎物一定要围着火堆跳舞来感谢上天的恩赐；或者像下象棋，嘴里喊着"将军！"好像势不两立，但其实彼此都很愉快。

上大学以后我回家很少了，在外书剑无成转眼已经八年。四年前，爷爷下雨天散步时不慎滑了一跤，摔断了股关节。因为年龄太大，装了人工关节，但有排异反应，只得卧床。由于缺乏活动，加上年龄不饶人，原本非常健康的身体每况愈下，这期间几次生病爷爷都挺了过来。爷爷躺在床上，奶奶每顿都把饭菜端到床头，变着花样劝他多吃一点，还有各式各样的点心和零食。2002 年春节前，爷爷中风了，虽然抢救过来，但身体状况更差了，有时候甚至不认识人。加上抵抗力弱，引发了肺部感染，不时发低烧。只好住进医院全封闭的无菌特护病房，每天下午家属只有一个小时的探望时间，而且要穿上白大褂戴上口罩。医生说，97 岁的老人，这次估计出不来了。

寒假，我每天陪奶奶去看爷爷并送饭，他经常处在昏睡的状态，喉咙被切开了，全身插满各种管子，连接着好几种仪器。偶尔醒来和我们打打招呼，接着又睡了过去。所有食物都要在家里用搅拌机打成糊状送到医院，护士按规定分量，隔两个小时用一根管子从喉咙灌下去。医生说，病人现在卧床其实消耗量不大，有一些营养和维生素我们会给他输液的时候配进去，家属准备食物主要是一些基本的淀粉和蛋白质就可以了。这个道理其实谁都明白，像爷爷现在这样的状况，从喉咙里灌进去的是海参鱼翅，还是鸡蛋萝卜，对他而言，已经没有什么好吃和不好吃的区别了，而且单从营养上来说，常规意义上价值昂贵的饮食未见得就比便宜的高出多少。

可奶奶还是总把最好的东西做给爷爷吃，老鳖、乌鱼天天不断，恨不得把满汉全席打成糊给爷爷喂下去。护士小姐都问："就数你们家送的糊糊最香，里面都放了什么呀？"二姑从大连回来过年，带来了一些海鲜。我看见奶奶在里面拣来拣去，挑出最大的鲍鱼和对虾，要做粥给爷爷吃。奶奶说："这都是他最喜欢吃的。"

忽然间，我明白了一个道理：你和谁一辈子在一起吃饭，是一件比什么都重要的事情。

所谓爱，就是开心时，你从他嘴边抢一块巧克力；当他躺在病床上，却想把你觉得世界上最好吃的东西都塞到他嘴里。

（郭宇宽）

这辈子最爱的人

在我最应该高兴的时刻，我却止不住泪流满面。

　　我的家在一个偏僻的山村，父母都是面朝黄土背朝天的农民。我有一个小我3岁的弟弟。有一次我为了买女孩子们都有的花手绢，偷偷拿了父亲抽屉里5毛钱。父亲当天就发现钱少了，就让我们跪在墙边，拿着一根竹竿，让我们承认到底是谁偷的。我被当时的情景吓傻了，低着头不敢说话。父亲见我们都不承认，说，那两个一起挨打。说完就扬起手里的竹竿，忽然弟弟抓住父亲的手大声说："爸，是我偷的，不是姐干的，你打我吧！"父亲手里的竹竿无情地落在弟弟的背上、肩上，父亲气得喘不过气来，打完了坐在炕上骂道："你现在就知道偷家里的，将来长大了还了得？我打死你这个不争气的。"当天晚上，我和母亲搂着满身是伤痕的弟弟，弟弟一滴眼泪都没掉。半夜里，我突然号啕大哭，弟弟用小手捂住我的嘴说，姐，你别哭，反正我也挨完打了。

　　我一直在恨自己当初没有勇气承认，事过多年，弟弟为了我挡竹竿的样子我仍然记忆犹新。那一年，弟弟8岁，我11岁。

　　弟弟中学毕业那年，考上了县里的重点高中，同时我也接到了省城大学的录取通知书。那天晚上，父亲蹲在院子里一袋一袋地抽着旱烟，嘴里还叨咕着，两娃都这么争气，真争气。母亲偷偷抹着眼泪说争气有啥用啊，拿啥供啊！弟弟走到父亲面前说，爸，我不想念了，反正也念够了。父亲一巴掌打在弟弟的脸上，说，你咋就这么没出息？我就是砸锅卖铁也要把你们姐俩供出来。说完转身出去挨家借钱。我抚摸着弟弟红肿的脸说，你得念下去，男娃不念书就一辈子走不出这穷山沟了。弟弟看着我，点点头。当时我已经决定放弃上学的机会了。

　　没想到第二天天还没亮，弟弟就偷偷带着几件破衣服和几个干馒头走了，在我枕边留下一个纸条：姐，你别愁了，考上大学不容易，我出去打工供你读书。

　　我握着那张字条，趴在炕上，失声痛哭。那一年，弟弟 17 岁，我 20 岁。

　　我用父亲满村子借的钱和弟弟在工地里搬水泥挣的钱终于读到了大三。一天我正在寝室里看书，同学跑进来喊我，梅子，有个老乡在找你。怎么会有老乡找我呢？我走出去，远远地看见弟弟，穿着满身是水泥和沙子的工作服等我。我说，你咋和我同学说你是我老乡啊？

　　他笑着说，你看我穿得这样，说是你弟，你同学还不笑话你？

　　我鼻子一酸，眼泪就落了下来。我给弟弟拍打身上的尘土，哽咽着说你本来就是我弟，这辈子不管穿成啥样，我都不怕别人笑话。

　　他从兜里小心翼翼地掏出一个用手绢包着的蝴蝶发夹，在我头上比量着，说我看城里的姑娘都戴这个，就给你也买一个。我再也没有忍住，在大街上就抱着弟弟哭起来。那一年，弟弟 20 岁，我 23 岁。

　　我第一次领男朋友回家，看到家里掉了多少年的玻璃安上了，屋子里也收拾得一尘不染。男朋友走了以后我向母亲撒娇，我说妈，咋把家收拾得这么干净啊？母亲老了，笑起来脸上像一朵菊花，说这是你弟提早回来收拾的，你看他手上的口子没？是安玻璃时划的。

　　我走进弟弟的小屋里，看到弟弟日渐消瘦的脸，心里很难过。他还是笑着说，你第一次带朋友回家，还是城里的大学生，不能让人家笑话咱家。

　　我给他的伤口上药，问他，疼不？

　　他说，不疼。我在工地上，石头把脚砸得肿得穿不了鞋，还干活儿呢……说到一半就把嘴闭上不说了。

　　我把脸转过去，哭了出来。那一年，弟弟 23 岁，我 26 岁。

　　我结婚以后，住在城里，几次和丈夫要把父母接来一起住，他们都不肯，说离开那村子就不知道干啥了。弟弟也不同意，说姐，你就全心照顾姐夫的爸妈吧，咱爸妈有我呢。

丈夫升为厂里的厂长，我和他商量把弟弟调上来管理修理部，没想到弟弟不肯，执意做了一个修理工。

一次弟弟登梯子修理电线，让电击了住进医院。我和丈夫去看他。我抚摸着他打着石膏的腿埋怨他，早让你当干部你不干，现在摔成这样，要是不当工人能让你去干那活儿吗？

他一脸严肃地说，你咋不为我姐夫着想呢？他刚上任，我又没文化，直接就当官，给他造成啥影响啊！

丈夫感动得热泪盈眶，我也哭着说，弟啊，你没文化都是姐给你耽误了。他拉过我的手说，都过去了，还提它干啥！

那一年，弟弟 26 岁，我 29 岁。

弟弟 30 岁那年，才和一个本分的农村姑娘结了婚。在婚礼上，主持人问他，你最敬爱的人是谁，他想都没想就回答，我姐。

弟弟讲起了一个我都记不得的故事：我刚上小学的时候，学校在邻村，每天我和我姐都得走上一个小时才到家。有一天，我的手套丢了一只，我姐就把她的给我一只，她自己就戴一只手套走了那么远的路。回家以后，我姐的那只手冻得都拿不起筷子了。从那时候，我就发誓我这辈子一定要对我姐好。

台下一片掌声，宾客们都把目光转向我。

我说，我这一辈子最感谢的人是我弟。在我最应该高兴的时刻，我却止不住泪流满面。

（常草）

打往天堂的电话

实现了把人间和天堂、心灵与心灵连接起来的愿望。

一个春日的星期六下午，居民小区旁边的报刊亭里，报亭主人文叔正悠闲地翻阅着杂志。这时一个身穿红裙子、十五六岁模样的小女孩走到报亭前，她四处张望着，似乎有点不知所措，看了看电话机，又悄悄地走开了，然而不多一会儿，又来到报亭前。

不知道是反反复复地在报亭前转悠和忐忑不安的神情，还是她身上的红裙子特别鲜艳，引起了文叔的注意，他抬头看了看女孩并叫住了她："喂！小姑娘，你要买杂志吗？…'不，叔叔，我……我想打电话………'哦，那你打吧！""谢谢叔叔，长途电话也可以打吗？""当然可以！国际长途都可以打的。"

小女孩小心翼翼地拿起话筒，认真地拨着号码，善良的文叔怕打扰女孩，索性装着看杂志的样子，把身子转向一侧。小女孩慢慢地从慌乱中放松下来，电话终于打通了："妈……妈妈！我是小菊，您好吗？妈，我随叔叔来到了桐乡，上个月叔叔发工资了，他给了我 50 块钱，我已经把钱放在了枕头下面，等我凑足了 500 块，就寄回去给弟弟交学费，再给爸爸买化肥。"小女孩想了一下，又说："妈，我告诉你，我叔叔的工厂里每天都可以吃上肉呢，我都吃胖了，妈妈你放心吧，我能够照顾自己的。哦，对了，妈妈，前天这里一位阿姨给了我一条红裙子，现在我就是穿着这条裙子给你打电话的。妈妈，叔叔的工厂里还有电视看，我最喜欢看学校里小朋友读书的片子……"突然，小女孩的语调变了，不停地用手揩着眼泪，"妈，你的胃还经常疼吗？你那里的花开了吗？我好想家，想弟弟，想爸爸，也想你，妈，我真的真的好想你，做梦都经常梦到你呀！妈妈……"

女孩再也说不下去了，文叔爱怜地抬起头看着她，女孩慌忙放下话筒，慌乱中话筒放了几次才放回到话机上。"姑娘啊，想家了吧？别哭了，有机会就回家去看看爸爸妈妈。""嗯，叔叔，电话费多少钱呀？""没有多少，你可以跟妈妈多说一会，我少收你一点儿钱。"文叔习惯性地往柜台上的话机望去，天哪，他突然发现话机的电子显示屏上竟然没有收费显示，女孩的电话根本没有打通！"哎呀，姑娘，真对不起！你得重新打，刚才呀，你的电话没有接通……""嗯，我知道，叔叔！""其实……其实我们家乡根本没有通电话。"文叔疑惑地问道："那你刚才不是和你妈妈说话了吗？"小女孩终于哭出了声："其实我也没有了妈妈，我妈妈死了已经四年多了……每次我看见叔叔和他的同伴给家里打电话，我真羡慕他们，我就是想和他们一样，也给妈妈打打电话，跟妈妈说说话……"听了小女孩这番话，文叔禁不住用手抹了抹老花镜后面的泪花："好孩子别难过，刚才你说的话，你妈妈她一定听到了，她也许正在看着你呢，有你这么懂事、这么孝顺的女儿，她一定会高兴的。你以后每星期都可以来，就在这里给你妈妈打电话，叔叔不收你钱。"

从此，这个乡下小女孩和这城市的报亭主，就结下了这段"情缘"。每周六下午，文叔就在这里等候小女孩，让女孩借助一根电话线和一个根本不存在的电话号码，实现了把人间和天堂、心灵与心灵连接起来的愿望。

（邵云）

心灵的天空

> 雪白的纸片在夏风里飞舞，宛若一只只欢笑的眼睛，渐渐随风远去……

有一个夏天永远飘忽在我的记忆里，而紧紧牵住这段记忆的是一个女孩。

那年夏天酷暑难挨，中午下班后我头顶一把遮阳伞，被涌动的热浪驱赶着快步回家。走到楼梯口，收伞的瞬间，蓦地发现一个十多岁的瘦小乡下女孩蹲在我的脚下，她的右臂挽着一个浅蓝色的包袱，黑红的圆脸盘上布满汗渍，那件缀有小红花的衬衣蒸腾着热气，一双粘满污垢的胶鞋被拇指穿了一个洞。她抬头怔怔地望了我半晌，突然一跃而起："婶，你不认识我了？我是小玲。"

那一瞬间，我心头不由一颤。从她那山东口音我已断定她来自丈夫的家乡。我仔细端详着，有一个模糊的影子开始在我脑海中晃动。

那年我新婚不久，随丈夫来到他的故乡——山东一个偏僻的小村庄。初到婆家，入乡随俗，走访亲戚朋友是必不可少的。一天傍晚，丈夫牵着我的手，来到他的堂哥家。低矮、简陋的茅草房，几件黑乎乎的家具。粗糙的泥墙上挂着一个相框。那时堂哥尚在县城打工，已经离家半年多，此间只给家里捎过一回"在外挺好"的口信。我只能在相片上拜见堂哥了。照片上的堂哥有些苍老，额头皱纹纵横，憨厚的表情中夹杂着木讷。堂嫂在家操持家务，见到我们她显得很局促，不住地在衣襟上擦拭双手。她身后尾随着一个顽皮而又肮脏的男孩，相框中他的照片最多。只有照片上那个脖颈上系着红领巾的女孩没有见到。门口忽地出现了一个手提书包、背上驮着一个背篓的女孩。她气喘吁吁地望着我们，浅浅地笑着，嘴角嗫嚅半晌，轻轻地叫了我一声：姉。

堂嫂告诉我，由于家中缺少劳力，女儿每天都要在放学的路上打一篓猪草回家。每天不打猪草回家，第二天就不要上学去了。在那一刻，我的心灵突然间被一种东西触动了，我抚摸她湿漉漉的头，鼻子一酸，说，没事的，姉以后供你读书。

她敛了笑，明亮的双眸顿然泊在一片泪光中。

我们走远了，她那湿润的目光被我们的背影拉得很长很长，久久地缠绕着我。

回到都市，伴随时光的流逝，我已经淡忘了当时的承诺，甚至遗忘了她的模样。

我双手紧紧地揽住了她。我嗅到了她身上那股浓烈的汗酸气味，触摸到了她因瘦削而凸出的骨骼。我想，这孩子孤身一人，长途跋涉，是为一个梦而来。这个梦是我早年为她编织下的，而我却把它忘记了。

在她洗澡的空暇，我抖掉她带来的那个蓝布包袱上的尘埃，里面整齐地包着她的初中课本和几支用报纸卷就的圆珠笔。

我的眼睛有些湿润，我想应该把她留在我的身旁，替她在都市找一所读书的学校。

清水沐浴后的女孩完全变了模样，一种乡村素朴又纯净的美让我怦然心动。

"姉，城市真好。""好吗？你感到好就留在这儿吧。"她眼中跃动着的火苗忽地黯淡了下来，"姉，我这次是趁学校放暑假跑出来的。你给我找个活干，这个暑假我一定要挣足我和弟弟的学费。"我惊呆了。

她家中发生的许多变故是我所不曾知道的。她的父亲在县城打工，从高楼坠下，摔成高位截瘫。弟弟上了小学，家庭经济难以为继，她和弟弟都面临辍学的困境。

我能为她做些什么呢？只有坚定她留下的信心。我将我的想法告诉她，她静静地听着，最后摇了摇头："姉，我必须回去，回去照顾我爹和弟弟。"

我无言以对。让她外出打工是不可能的，连续几日，我都用"找不到活"来搪塞她，将她留在家里做功课。见她十分失望，我只好对她说："玲玲，就算姊雇你好了，每天做完作业替我做饭，到时我付给你工钱。"

　　她终于笑了。每天我都给她留下足够的菜金，而我每天都能准时吃上可口的饭菜，整个居室的卫生也焕然一新。我真的对她产生了一种莫名的依赖。那天中午，她买了一个西瓜回家，放在冰箱冷冻后，切好了放在果盘里等我回来。回家后我口干舌燥，捧起西瓜独自一阵狂啃。抬头间忽地发现她在怔怔地看着我。

　　"你怎么不吃？""我们家那地方种了很多很多的西瓜，我们到瓜田里可以随便吃。"

　　是的，盛夏季节的乡村瓜果遍野，对于这些廉价的西瓜，也许他们是不屑的。不吃也就罢了。她收拾瓜皮，我斜偎在沙发上小憩。见她进了厨房久久没有出来，我探头一看，眼前的一幕让我愣住了——她侧着身子，半蹲在地上，在津津有味地啃我吃剩的西瓜皮。

　　我跳了起来，冲过去，劈手将她手中的瓜皮夺过，猛摔在地上。"冰箱里有西瓜你为什么不吃？是嫌姊对你不好吗？"

　　她紧咬嘴唇，默默摇头，脸颊滑下两行清泪。过了一天，我试图为我的过激行为向她道歉。未等我开口，她却从兜里掏出一些零散的钱交给我："姊，这是这几天买菜剩下的，咱们吃饭没花那么多钱。"

　　我颇感纳闷。菜金是我凭多年买菜的经验而给她预留的，略有盈余，但绝不会剩余这么多。这让我疑窦陡生，甚至疑心她在菜摊做了些什么手脚。我必须为这个孩子的品行负责。那天，我请了一个上午的假，在她早上买菜时悄悄地尾随了她。果然，她不是直奔菜市场，而是从楼梯口的墙角处取了一个早已匿藏好的编织袋，一路小跑，奔向小区的那个旧垃圾箱。

　　垃圾箱内蚊虫乱飞，几个掏垃圾的人将头探进箱内，像寻宝一样用木棍在箱内翻搅。一个老人手提两袋垃圾朝这边走来，她立刻奔过去，

"爷爷，我帮您倒。"

她将垃圾袋放在地上，捡出上面的啤酒瓶放进编织袋。袋子渐渐鼓起来，她将它搭在背上，奔向一个建筑工地旁的废品收购站。

我就是在这时出现在她面前的。她有些惊愕，惶惶地打量我。我拍了拍她的后背，说："孩子，回家温习功课吧。"

这时我突然改变初衷，她应该回到她应该去的地方，对于一个人来说，苦难并非一无是处。

一个月后，我替她打点行装，在她的背包里偷偷塞上了3000元钱。那天，我从单位叫了辆车，准备送她去车站，回家却发现已人去楼空。她悄悄地走了，留下的只是一张欠条：

欠婶婶人民币 3000 元。

王小玲

望着这张纸条，我呆呆地出神。我将它揉碎，透过窗口，缓缓撒向天空。雪白的纸片在夏风里飞舞，宛若一只只欢笑的眼睛，渐渐随风远去……

（梁树杰）

第二辑　有梦才有远方

太阳总在有梦的地方升起；月亮也总在有梦的地方朦胧。梦是永恒的微笑，使你的心灵永远充满激情，使你的双眼永远澄澈明亮。

最深处的爱

即使命运将生活剥离，使我们的生命如干涸贫瘠沙漠里的一株仙人掌，那最爱的人，也会为自己盛放一千朵鲜花，灿烂到永远。

她变得谁都不认识了，外孙、孙女，甚至自己的女儿和儿子。有一天她失踪了，我们全家都急得不行，四处寻找，最后终于在郊外看到她了。可她一个劲嘟囔为什么要带她回来，她要回她自己的家。

我们都十分痛心，原本那么疼爱我们的外婆不见了。

惟一庆幸的是她还记得外公的名字，有时她睡在床上，双眼无神地看着天花板，嘴里就喊着外公的名字。可她却不认得外公的人，就算外公站在她身边，她还会用拐杖打外公。但我们知道外婆的心里还是有外公的，毕竟外公是她这辈子最爱的人。

后来，外婆的病情变得更不乐观了，需要住院。一开始，外婆死也不肯去医院，最后我们和她说外公在医院里等她，她才妥协了。一路上她还不住地问我们，医院到了没，她要见外公。其实那时外公就坐在她的旁边。

到医院后，外婆渐渐喜欢上了吃橙子，并且只要外公喂她。我们还以为她认识外公了。谁知她说，"我就要他喂，他喂的样子像老头子。"

外婆得病后，嘴里总爱自说自话，讲一些她和外公以前的事情。说得累了，便无声地比画着不同的姿势；抬起，放下，直到没有力气再比画，她才在外公那怜爱的眼神中静静地睡去……

慢慢地，外婆有点认识外公了，她开始什么事都依赖外公，外公一会儿不在她就要喊他。她的脾气也好多了，当然只是对外公。外公说什么，外婆都能很认真地去听、去做，仿佛一个刚懂事的小孩。

外公八十大寿，全家人说要好好庆祝一下，所以把外婆暂时从医院接回。面对那么多"不认识"的人，外婆显得很害怕。她不停地拽着外公的衣服，让外公赶客人们走。外公对她说，那是他的朋友，让她不要害怕，果然外婆就不响了，静静地坐着，吃着外公递来的橙子。

吃饭的时候，外婆不停地往自己的碗里夹菜，她面前的碟子已经堆得很高了，可还是不停地夹。然后，她把菜推到外公面前说："老头子，我给你抢了好多，你赶紧吃，再不吃，别人就来抢了。"外公看看那个碟子，里面什么菜都有，杂乱无章，再看看外婆认真的脸庞，外公的眼里溢出了泪水。

最后，外婆还是离我们远去了。临别时，外婆一句话也没有说，只是静静地望着坐在床边的外公，那眼中的不舍和温情让晚辈们都禁不住失声痛哭。病魔切断了外婆和世界所有的联系，让她遗忘了生命中许多重要的人和事，惟一不能割断的是她和外公那一段刻骨铭心的爱情。

那一刻，我明白了，即使命运将生活剥离，使我们的生命如干涸贫瘠沙漠里的一株仙人掌，那最爱的人，也会为自己盛放一千朵鲜花，灿烂到永远。

（佚名）

青城山下的男孩

这是我第一次见到他笑，天真、顽皮，但愿他能永远笑下去。

我从青城山下来，急急地往停车场走去。爬了半天的山，有点儿累了，我想快点坐到车上歇歇。突然我发现，不知什么时候我身后跟了个孩子，是个男孩，七八岁的模样，脏兮兮的脸上抹得一道一道的。看样子他是跟了我一阵子了，只是我忙着赶路，没注意身后有这么个小尾巴。我发现他的时候，他正哭咧咧地冲着我叨唠着什么。见我注意到他，他用眼睛盯着我又不出声了。我问他："你跟着我干吗？"他怯生生地把攥着的小手张开了，手心里是一条项链："你买了吧。"那是种最廉价的项链；一条白铁链下面吊着个玻璃珠，完全是哄小孩玩的那种。我忍不住笑了，对他说："我不买，我不戴这玩意儿。"可他仍旧一步不落地跟着我。我心里有数：别看他一直哭咧咧的，但他并没有眼泪。装的，我心想，这种孩子我见过，小奸巨滑的，离他远点儿。

到了车跟前，我回过身，冲着他随便往远处一指说："你去那边看看吧，也许有人会买。"说完，我踏进了车门。那孩子一下子就哭了，这回他是真哭了，是那种又委屈又绝望的哭，仿佛那道车门关闭了他全部的希望。他一边哭一边说："你买了吧，我上学还没有学费呢！""上学？"我的心一下子就软了。于是我又走下车，从他手里拿过那串项链："几块钱？"我问他。"三元。"唉，不就是三块钱吗？给他吧。我一边掏钱一边对他说："你真会做买卖。谁教你的？"那孩子没说话，只是用手不停地抹眼泪。旁边一个卖根雕的小伙子和一个老婆婆说：他爹妈都不在了，他是跟着奶奶过。原来是这样，难怪这么大点儿就出来奔波。我心里有点不平静。我打开钱包，没零钱，只有一张十元，一张五十元的。就犹豫了一下，然后抽出那张五十元的递给他。他睁大了眼睛有点不知所措地望着我。我拉过他的手，轻轻地对他说："拿着吧，好好学习。"那个老婆婆催促他说："快谢谢阿姨，告诉阿姨，再来青城山，到你家去玩。"他接过钱，只是低着头，一句感谢的话也没说。突然，他转身跑了，越跑越远。我忽然觉得我是不是太轻率了，这么简单就把钱掏给人家了。

上了车，我一直望着他跑过的那条小路。突然我发现，那条小路的尽头又出现了他的身影，越来越近，他是跑着向这儿奔来的，这次他手里拎着个塑料袋，圆鼓鼓的。我心想：糟了，不知他又向我推销什么。我赶紧对司机说："快关门，别让他上来。"他没上车，而是径直地跑到我座椅的窗下，仰起小脸，气喘吁吁地把那个塑料袋举给我，隔着薄膜我看清了，是栗子，这种栗子是青城山特有的品种，个不大，尖尖的，五块钱一斤。我以为他又向我兜售，就忙摆手对他说不要，但那孩子说是送给我的，说着，他还用他那小黑手抓出一把给我看。

我心头一热，一种复杂的感情在我心底升腾起来，我又走下车，来到他面前。只见他那小花脸抹得更脏了，头发里湿漉漉的都是汗，我蹲下来，心里有点儿不是滋味："阿姨不要，阿姨回北京太远，拿不动。"他像是没听见我的话一样，只是一个劲儿地说："拿着嘛，拿着嘛。"我只好捧了一把。见我装到兜里，他高兴地冲着我做了一个鬼脸，然后咧着嘴笑了。这是我第一次见到他笑，天真、顽皮，但愿他能永远笑下去。

（曹桂玫）

孩子，请听我说

　　　　你会更深地了解我们渐渐上了年纪的父亲母亲，也会想到我们年迈时……

　　孩子，当你还很小的时候，我花了很多很多的时间，教你慢慢地用汤匙，用筷子吃东西；教你穿衣服、绑鞋带、系扣子；教你洗脸、梳头；教你擤鼻涕、擦屁股……

　　这些和你在一起的点点滴滴，是多么令我怀念不已！

　　所以，当我想不起来、接不上话时，请给我一点时间，等我一下，让我再想一想……极可能最后连要说什么，我也一并忘记，请体谅我，让我继续沉醉在这些回忆中吧！

　　孩子，你是否还记得，我们练习了好几百回才学会的第一首儿歌？

　　你是否还记得，你每天都逼着我绞尽脑汁回答你是从哪里冒出来的？

　　所以，如果我啰啰嗦嗦重复一些老掉牙的故事，如果我情不自禁地哼出我孩提时代的儿歌，请不要怪罪我。

　　现在，我经常忘了系扣子、绑鞋带，吃饭时经常弄脏衣服，梳头时手还会不停地颤抖……

　　不要催促我，不要发脾气，请对我多一点耐心，只要有你在眼前，我的心头就会有很多的温暖。

我的孩子！

如今，我的脚站也站不稳，走也走不动，所以，请你紧紧地握着我的手，陪着我，慢慢地向前走，就像当年我牵着你一样……

以上是一个孤苦老人写在敬老院砖墙上的留言，不知道你看到它时，是什么样的感觉？是否像我一样心里一阵阵地悸动呢？是否那些尘封多年的记忆猛然地被它轻轻唤醒？是否早已麻木的神经被这一件件我们都曾经历过的往事蓦然触动？

我反复看了四遍，意犹未尽，我还伤感，想哭，于是我提笔在笔记本上将它抄写下来。抄写时，你知道那是怎样的感受吗？我抄着抄着，仿佛听见了父母在对自己说心里话！

这么多年来，我总以为父爱母爱是应该感天动地、轰轰烈烈的，以至于我认为父亲母亲对我的爱太过平凡，没有给我创造出什么大感动、大恩惠，就连他们为我做的再平淡不过的小事也被我认为是理所当然的。自从考上大学，我来南京读书以来，我很少能有时间和他们在一起。不同的文化程度、人生经历让我们陌如隔世，极其困难的交流也让我们的距离越来越远。就连那些小事，也一件件从我的记忆里消失了。但是，读了这位孤苦老人的留言后，我才真正体会到：我的父亲母亲，连同我，都是这世上极平凡的人，不会有什么轰轰烈烈，更不会有什么感天动地，但我该为父亲母亲这朴素、平凡而又博大的情感骄傲！

时间如秋风，把流逝了的和正在流逝的一切像落叶一般卷走，一年又一年，这极其平凡却又无比深厚的感情，只要留在他们和我的心里，总会陪伴我们走过一生……

现在，你不妨也将这个孤苦老人写在敬老院砖墙上的留言认真地、用心地、一笔一画地抄写一遍吧！你会更深地了解我们渐渐上了年纪的父亲母亲，也会想到我们年迈时……

（黄伯平）

爱心创造的奇迹

如果不是你那么恳切地求我领养他们，如果没有你那颗洋溢着仁爱的心，我可能就会错过这次奇迹了！

第二次世界大战期间，马丁·沃尔作为战俘被关进了位于西伯利亚的一座战俘营里，从此离开了他的家乡乌克兰，离开了他的妻子安娜和儿子雅各布。在以后的几年里，他与家人天各一方，音信隔绝，以致连妻子在他被带走后不久又给他生下了一个名叫索妮娅的女儿都不知道。

几年之后，当马丁被释放出来的时候，他已经身心俱疲、憔悴不堪了，看上去俨然就是一个老态龙钟的老人。不仅如此，在他的手上和脚上到处伤痕累累，那是严刑拷问时给他留下的惨痛印记。更让人不堪忍受的是，他知道自己再也没有生育能力了。不过，幸运的是，他好歹总算获得了自由。离开战俘营之后，他第一件事就是立即到处去寻找妻子安娜和儿子雅各布。最后，他终于从红十字会打听到了家人的消息，方知他们都已经在前往西伯利亚的途中死去了。顿时，他伤心欲绝，悲不自胜。但是，直到那时，他仍旧不知道自己还有一个未曾谋面的女儿。

战争初期，安娜带着雅各布很幸运地逃亡到了德国。在那里，她遇到了一对非常仁慈的农民夫妇，他们收留了她和孩子。于是，安娜就在那里安顿下来，并为他们做些力所能及的农活以及家务活。正是在那儿，她生下了她和马丁的女儿索妮娅。住在这个与她和马丁小时候生活过的乌克兰那和平宁静的乡下非常相像的地方。安娜想："我们的生命还会再遭受到痛苦、苦难和分离的折磨吗？"她甚至相信，只要马丁也能来到德国，他们就一定可以重新开创新的生活。但是，事情却并不像她想象得那么好。几年之后，残酷的战争终于以德国的战败而结束了。安娜和孩子们高兴极了，他们以为马上就可以回家乡和马丁团聚了。但是，他们没想到的是，斯大林的军队将他们集中起来，并将他们赶进了拥挤不堪的运送牲口的火车上，还告诉他们说要将他们遣送回家。在那冷得像冰窖一样的火车上，食物和水都严重缺乏，他们经常没有东西吃也没有水喝。其实，安娜的心里非常清楚，他们根本就不是被遣送回家，而是被送往位于西伯利亚的那个充满恐怖的死亡集中营。她的希望彻底破灭了，她感到了绝望，终于，她病倒了。她的呼吸越来越困难，胸口也疼痛得越来越厉害了。她感到自己时日无多了，于是，看着眼前这两个孤苦无依的孩子，她一遍又一遍地祈祷着："哦，上帝啊，求求您，请保佑我这两个无辜的孩子吧！"

"雅各布，"她有气无力地对儿子说，"我病得很厉害，可能就要死了。我会到天堂去请求上帝保佑你们的。你要答应我，千万不能离开小索妮娅。上帝会保佑你们两个的。"

第二天一大早，安娜就死了。人们将她的尸体装在货车上拉走了，埋在一个乱坟岗上。而她的两个孩子则被赶下了火车，送进了附近的孤儿院。如今，在这世上，他们真的是孤苦伶仃、无依无靠了。

当马丁得知家人已经死亡的消息之后，他便停止了祈祷，因为他觉得他每一次面临转机的时候，上帝都会令他大失所望。在那之后，马丁被分配到一个公社里做工。

在那儿，他像一个机器人似的机械地工作着。虽然，他的健康与体力已逐渐恢复了，但是，他的心他的感情却已经像死了一般，不论什么事，对他来说都已经无关紧要了。

后来，有一天早上，他偶然遇见了和他在同一个公社工作的格蕾塔。如果不是她微笑着注视着马丁，马丁绝对不会认出眼前的这位姑娘竟然就是自己过去在家乡时的一位既充满了快乐、又聪明伶俐的同学。没想到在走过了这么多地方，经历了这么长时间，发生了这么多事之后，他们竟然能在此地重逢，这简直是太幸运了！

接着，没过多久，他们就结婚了。于是，马丁觉得生活又充满了阳光，生命又有了意义。但是，对于有些女人来说，她们总是希望能有个孩子可以疼可以爱，而格蕾塔就是这样一个女人。虽然她知道马丁已经没有生育能力了，但是，她仍旧渴望能有个孩子。

终于，有一天，她实在忍不住了。于是就对马丁祈求说："马丁，孤儿院里有许多门诺派教徒的孩子，我们何不去领养一个呢？"

"格蕾塔，你怎会想到要领养一个孩子呢？"马丁吃惊地答道，"难道你不知道那些孩子都发生过些什么事吗？"这时的马丁，他的心再也经受不起任何打击了——他已经将它完全封闭了。

但是，格蕾塔却始终没有放弃她的渴望，终于，她那强烈的爱战胜了马丁的冷漠与偏执。于是，在一天早上，马丁对她说道："格蕾塔，你去吧，去领养一个孩子吧。"

为了领养一个孩子，格蕾塔做好了一切准备。终于，去孤儿院领养孩子的日子到来了，那天一大早，她就搭上火车赶往孤儿院。来到孤儿院，走在那长长的、黑黑的走廊上，看着那些站成一排的孩子，审视着，权衡着。他们仰起那一张张沉默的小脸，乞求地望着她。她真想张开双臂把他们全都拥入怀中，并把他们全都带走。但是，她知道，她做不到。

就在这时，有一个小女孩羞怯地微笑着，向她走来。"哦，这是上帝帮我做出的选择！"格蕾塔想。她单膝下跪，抬起一只手抚摸着小女孩的头，爱怜地问道："你愿意跟我走吗？去一个有爸爸、妈妈的真正的家？"

"哦，当然，我非常愿意，"她答道，"但是，您得等我一会儿，我去喊我哥哥来。我们要一块儿去才行，我不能离开他的。"格蕾塔非常难过，无奈地摇摇头说："但是，我只能带一个孩子走啊。我希望你能跟我一块儿走。"

小女孩又一次使劲地摇了摇头，说："我一定要和哥哥在一起。以前，我们也有妈妈，她死的时候嘱咐哥哥要照顾我。她说上帝会照顾我们两个的。"

这时，格蕾塔发现她已经不想再去寻找别的孩子了，因为眼前的这个小女孩已深深地吸引了她，打动了她。她要回去和马丁好好商量商量。

回到家，她向马丁恳求道："马丁，有件事我必须要和你商量。我必须要带两个小孩一起回来，因为我选的那个小姑娘有个哥哥，她不能离开他。

我求求你答应我。"

"说实在的，格蕾塔，"马丁答道，"有那么多的孩子可供选择，你为什么非要选择这个小女孩呢？难道不能选别的孩子吗？或者干脆就一个也不要。我真不知道你是怎么想的。"

听马丁这么一说，格蕾塔难过极了，并且不愿意再去孤儿院了。看着格蕾塔伤心的样子，马丁的心里不禁又涌起了一股爱怜。于是，爱又一次获得了胜利。这次，他建议他们两人一块儿去孤儿院，他也想见见那个小女孩。也许他能够说服她离开她的哥哥而愿意一个人接受领养呢。这时，他又想起了自己的儿子雅各布。也许他也被送进了孤儿院。如果真的是这样的话，他不也一样希望雅各布能被像格蕾塔这样的好人领养吗？

当格蕾塔和马丁走进孤儿院的时候，那个小女孩来到走廊里迎接他们，这一次，她的手紧紧地拉着一个小男孩的手。小男孩的身体非常瘦小，而且很虚弱，但是他那双疲惫的眼睛中却流露着柔和善良的目光。这时候，小女孩扑闪着明亮的大眼睛，轻声地对格蕾塔说："您是来接我们的吗？"

还没等格蕾塔接腔，那个小男孩就抢先开口了："我答应过妈妈永远都不离开她的。妈妈临终的时候让我必须向她做保证。我答应了。所以，我很抱歉，她不能跟你们走。"

马丁默默地注视着眼前这两个可怜而又可爱的小孩子。片刻之后，他以一种坚决的语气果断地宣布道："这两个孩子我们都要了。"他已经不可抗拒地被眼前这个瘦弱的小男孩吸引住了。

于是，格蕾塔就跟着兄妹俩去收拾他们的衣服，而马丁则到办公室去办理领养手续。当格蕾塔两手各拉着一个孩子来到办公室的时候，却发现马丁正不知所措地站在那里。只见他的脸苍白得像纸一样，双手也在剧烈地颤抖着，根本就无法签署领养文件。

格蕾塔吓坏了，她以为马丁突然得了什么急症，于是，连忙跑过去，惊叫道："马丁！你怎么啦？"当然，马丁根本就不是得了什么急症。

"格蕾塔，你看看这些名字！"马丁一边说一边递给她一份文件。格蕾塔接过那份写有两个孩子名字的文件，读了起来："雅各布·沃尔和索妮娅·沃尔，母亲系安娜·（巴特尔）·沃尔；父亲系马丁·沃尔。"不仅如此，除了索妮娅之外，他们三人的出生日期都与马丁记忆中的完全相符。

"哦，格蕾塔，他们两个都是我的孩子啊！一个是我以为早就已经死了的我深爱的儿子雅各布，一个是我从来都不曾知道的女儿！如果不是你那么恳切地求我领养他们，如果没有你那颗洋溢着仁爱的心，我可能就会错过这次奇迹了！"马丁激动得泪流满面，一边说着，一边蹲下身来，把两个孩子紧紧地搂在怀里，呜咽着说："哦，格蕾塔，上帝真的就在我们身边！"

（菲菲）

不要在冬天里砍倒一棵树

冬天里的树，遭受风刀雪箭，幼嫩的生命被压抑，让人难以发现，因而更需要保护，更需要培养。

不要在情况恶劣时作出消极的决定，因为这会扼杀幼嫩的生命。既然有生命，总归于会发芽……

迈克尔·乔丹堪称 NBA 篮坛的一位巨人。独领风骚十一年的他，却并不是一名天才运动员。他在《尝试一成功路上的迈克尔·乔丹》中写道：上高中时，曾因球技不如人，被教练批评，甚至要被摒弃。但主教练看到他的潜力，让他搭车随队观看比赛，为上场的队员抱衣服，鼓励他勤学苦练。终于在一年之后，他打上学校的主力。回顾这段经历，乔丹深有感触，如果不是主教练的鼓励，在那时他可能就与篮球绝缘了。

人生就是这样，有人一开始就才华毕露，不仅得到师长的器重，而且得到各方面的关注。但大多数人在成长过程中总会遇到这样那样的挫折，也有些人起初可能是技不如人，才不如人，很有可能被歧视，遭摒弃而被压抑。有一则故事讲道：记得一年冬天里，父亲需要一些柴火，他找到一棵死树，然后就把它锯倒了。到了春天，令他惊愕的是，树干周围绽发出了新芽。他说："我以为它肯定死了，冬天里树叶都落光了。但现在我看到主根处依然保存着生命的活力。"父亲叮嘱全家："别忘了这个重要的决定，因为这会扼杀幼嫩的生命。只要有一点生机，它也会绽出新芽，最终成为大树。"迈克尔？乔丹当初不正是那内在充满活力而没有长出的嫩芽吗？如果不是主教练的鼓励和扶持，篮坛真会失去一棵参天大树。

　　鲁迅先生说过：产生天才难，发现天才难，要有天才赖以生长的土壤更难。冬天里的树，遭受风刀雪箭，幼嫩的生命被压抑，让人难以发现，因而更需要保护，更需要培养。

　　爱迪生曾是一位不听话的学生，只迷恋于电，老师并没有因他学业不好就歧视他，而是鼓励他大胆探索，最终他成为世界上发明成果最多的科学家；邓亚萍身高仅一米五，在常人看来根本不是打乒乓球的料，但她的教练看中她的气质，她的拼劲，破格选她进了国家队，从而成为世界乒乓球女单第一号选手。但在现实生活中，人们往往习惯于从小论大，轻易地肯定或否定。孩子有过失，家长发怒时会说：你将一辈子没出息！学生学习不好，老师也会指责：这学生天生顽皮，反应迟钝，不会有大的作为！而一些高考落榜者往往会遭到周围的冷眼，被认为不会有前途。殊不知这些简单的否定，往往会挫伤一个有潜力而未爆发的青年的自尊心，这样的冷遇往往会使他们失去蓬勃成长的环境，甚至使一株幼苗夭折。

（姚顺）

寻找珍爱

记着，不要上铜币的当，要寻找珍爱。

在我遇见班奇太太之前，护理工作的真正意义并非我原来想像的那么一回事。"护士"两字虽是我的崇高称号，谁知得来的却是三种吃力不讨好的工作：替病人洗澡，整理床铺，照顾大小便。我带上全套用具进去，护理我的第一个病人—班奇太太。班奇太太是个瘦小的老太太，她有一头白发，全身皮肤像熟透的南瓜。

"你来干什么？"她问。

"我是来替你洗澡的。"我生硬地回答。"那么，请你马上走，我今天不想洗澡。"

使我吃惊的是，她眼里涌出大颗泪珠，沿着面颊滚滚流下。我不理会这些，强行给她洗了个澡。

第二天，班奇太太料我会再来，准备好了对策。"在你做任何事之前，"她说，"请先解释'护士'的定义。"

我满腹疑团地望着她。"唔，很难下定义，"我支吾道，"做的是照顾病人的事。"说到这里，班奇太太迅速地掀起床单，拿出一本字典。"正如我所料，"她得意地说，"连该做些什么也不清楚。"她翻开字典上她做过记号的那一页慢慢地念："看护：护理病人或老人；照顾、滋养、抚育、培养或珍爱。"她啪地一声合上书。"坐下，小姐，我今天来教你什么叫珍爱。"

我听了。那天和后来许多天，她向我讲了她一生的故事，不厌其烦地细说人生给她的教训。最后她告诉我有关她丈夫的事。"他是高大粗骨头的庄稼汉，穿的裤子总是太短，头发总是太长。他来追求我时，把鞋上的泥带进客厅。当然，我原以为自己会配个比较斯文的男人，但结果还是嫁了他。"

"结婚周年，我要了件爱的信物。这种信物是用金币或银币蚀刻上心和花形图案交缠的两人名字简写。用精致银链串起，在特别的日子交赠。"她微笑着摸了摸经常佩戴的银链。"周年纪念日到了，贝恩起来套好马车进城去，我在山坡上等候，目不转睛地向前望，希望看到他回来时远方卷起的尘土。

她的眼睛模糊了。"他始终没回来。第二天有人发现了那辆马车，他们带来了噩耗，还有这个。"她小心翼翼地把它拿出来。由于长期佩戴，它已经很旧了，但一边有细小的心形花形图案环绕，另一面简单地刻着："贝恩与爱玛，永恒的爱。""但这只是个铜币啊。"我说，"你不是说是金的或银的吗？"

她把那件信物收好，点点头，泪盈于睫。"如果当晚他回来，我见到的可能只是铜币。这样一来，我见到的却是爱。"

她目光炯炯地面对着我。"我希望你听清楚了，小姐。你身为护士，目前的毛病就在这里。你只见到铜币，见不到爱。记着，不要上铜币的当，要寻找珍爱。"

我没有再见到班奇太太，她当晚死了。不过她给我留下了最好的遗赠：帮助我珍爱我的工作——做一个好护士。

（佚名）

不要祈求太多

实实在在地做人，实实在在地对待每一个时日，你才会拥有一份实实在在的成功

每个人都有失望和不满的时候，不是你希望没有实现，就是他的欲望没有满足。每当这时，我们不是怨天尤人，便是破罐子破摔，却很少会坐下来，仔细地想一想，我们为什么一定要有不满和失望。活着，我们不要祈求太多。

我们来到这世上时，本来就是赤条条的，一无所有，是上苍赋予了我们生命、亲友以及思想和财物等等，上苍待我们何厚？使我们拥有了这么多，又占据了这么多。可是，我们却从来也没有满足过，依然在祈求着上苍为我们降下更多的甘霖。

然而，生活不可能也不会按照我们的需求来十足地供应我们，于是，我们便失望了，我们便不满了。

世界对于每一个活生生的人来说，都是公平无二的。有耕耘才有收获，有奋斗才有成功，有付出才得到。你想花一分的代价，去换回十分的成果，那是永远也不可能的。

所以，我们永远都不应该祈求这世界平白无故地就给我们太多。生命在于奋斗，人生在于积累。

不要祈求太多，只有一点点就已经足够了。每天一点点，每月一点点，每年一点点，几年下来，我们就已经得到了很多很多，那么，一辈子下来，我们不就已经变成了一个拥有整个世界的大富翁！

不要祈求太多，太多了，生命就会显得过于沉重，我也就会感到你的人生因缺少遗憾而懒于去追求；不要祈求太多，太多了，人生就会显得过于臃肿，你就会感到你所拥有的一切都是负累，因无法带得动而终生不能轻松。

实实在在地做事，任何奢望都是不应该有的，天上不会掉馅饼，地上也不会长钞票，实实在在地做人，实实在在地对待每一个时日，你才会拥有一份实实在在的成功。

（赵咏鸿）

单身情歌

　　然而不管是谁，自己可以确定的是，自己肯定会比以往任何时候都更加珍情惜缘！

　　我在爱情小说的浸淫中长大，我编了一个又一个蹩脚的爱情故事，发表了一部分，并且还似乎真打动了一些人。有些人因此而主观地以为我是情场老手，施施然来向我请教……每当这时我就不得不遗憾地告诉他们：我的实战经验少得可怜，也许是我向他们请教更为合适。

　　他们有的不信，说没有过一些经历怎么能写出来呢？文学艺术也是来源于生活啊。对于这类问题我一贯的回答是：没吃过猪肉难道还没见过猪跑？然后是一阵哄笑。然而在这哄笑之中自己有时也会隐隐约约地有些困惑：像我这样情感相对丰富性格相对奔放的人，实在没有理由在谈情说爱的年龄一直缺乏花前月下的卿卿我我啊。

　　这似乎有点不合常理。

　　但人从来都是复杂的动物，而世事也并不总是符合逻辑。

　　细想起来，喜欢过自己的人有过不少，自己动过心的人也有几个。

　　念书的时候，为了实现自己在很小的时候就确定下的理想，常常在内心不断告诫自己：一定不能陷进感情的旋涡里而因此让自己的既定目标付诸东流。事实也确实如此，我冷静地将一些准情书收到了柜底，虽然内心也曾掀起波澜，但终没为之所动。那些早恋的同学们，有些后来修成了正果，有情人终成眷属了，但也确实因为早恋而没能在学业上取得更多成就，当然也有个别能力强大的，升学早恋两没误，让人羡慕得流口水，毕竟学生时代的感情是最自然纯正少世俗气的。这个时候就会有些后悔自己当初不该学那柳下惠坐怀不乱没投入那浩浩荡荡激情飞扬不管不顾的早恋大军了。

考上了大学，心想这下可以名正言顺谈恋爱，实践爱情小说中的有关情节了吧。因为这条，虽然对自己考上的那所大学很不满意，但还是有点迫不及待地盼着开学。等到终于迈进大学校门后才发现，本人就读的大学三分之二是女生也，剩下的三分之一虽为男性，却也被女生们的光彩照得抬不起头来。尤其我所就读的教育系，男性同胞更是寥寥无几。更让人失望的是，大学向我展示的情爱画卷就是头碰头不顾卫生共用一个饭盒吃饭，作秀式地在大庭广众下旁若无人地亲热……这和我的爱情观没有丝毫共同之处。尤其是在一次学校舞会上，一个人在邀请我连跳几曲后，开始赞美我，然后用诗朗诵的语调对我说，我们到学校广场去吧，让我们在月光下共舞，然后互诉心曲好不好？这个镜头与言情剧的开头很相似，一个激动人心的我祈望已久的爱情故事好像马上就要开场……然而不知为什么，它没有打动我却让我起了一身鸡皮疙瘩，并从此对在大学发展爱情倒了胃口。

没有恋爱的大学生活，我就大量地阅读。大学没有收获爱情，却收获了一肚子的杂七杂八，现在看来，这些看似无用的闲书却比那些正规教科书给我更多滋养。

毕业了，教了两年多书，四面围墙一围，自己过上了比念书时更单调的生活。此时，已到了该谈婚论嫁的年龄。隐隐约约地感到某种危机，自己的生活圈子这么小，而在这个人口并不多的小镇，真正受过高等教育并和自己同龄的读书人屈指可数！不是自己对文凭那张薄纸教条式地看重，而是物以类聚，人以群分，现实是，假如知识结构相差太远，就不会有那种较深刻的认同感，就像林妹妹在宝哥哥眼里是天上掉下来的人儿，但在焦大眼里却是激不起他丝毫爱意的无故寻仇觅恨的娇小姐而已。自己本质上是一个读书人，所以就很自然地想一个读书人也许更适合自己。

本着这样的指导方针，为了扩大自己的选择圈子，自己也在别人的好心撮合下见过几位男士，目的很单纯：找个可以和自己谈恋爱的人。

尴尬，这是自己对介绍对象这种形式惟一的心理感受。我从小是个比较自在的人，在众目睽睽之下也不会手脚没地方放。惟独和一个陌生人坐在一起而其目的又是找对象，这总让我感到万分尴尬。这种情况下，自然是不会发展出什么故事的。有一两个通过这种形式而对自己有兴趣展开攻势的人，但终因这第一面的恶劣感觉无法继续。

后来离开教育界改行当记者，临走的时候，同事们对我说，去吧去吧，当了记者，接触的人多了，追你的人会有一个连的……

事实并不像老师们所想象的那样乐观。从事了记者这个职业，接触的人是多了，但接触的人基本没有未婚者，报纸所采写的多是成功人士，成功者有几个是二十来岁？而自己的人生观又是万事顺其自然，相信缘分，连干公事的同时顺便干点私活那样的念头也没有过，所以当记者的这几年，自己认识的男孩子其实很少，因此也就谈不上从中选择的问题。

对于许多人来说，青苹果这三个字就是经常出现在报纸上的一个名字而已，因为经常看到而觉得亲切熟悉但本质上还是一个遥远的陌生人。也有个别男孩子眼力不凡，透过这无血无肉的名字看出了青苹果的可爱，打电话或写信来说想和我如何如何，可，能如何呢？他们的勇气与对我的欣赏我由衷感激，但毕竟从纸上体会到的青苹果与现实中的青苹果相距甚远。纸上的青苹果理性、现代，并常出惊人之语，可他们能想象到现实中的青苹果是在严格家教环境中长大，言行谨慎非常传统，是标准意义上的乖乖女吗？

当然这期间自己也对两三个男孩先后有过心动之时，也曾试着向他们靠近过，但是，由于种种原因——主观的，客观的，尽管自己努力了，还是没能有真正意义上的突破，或者说真正意义的开始。欣赏、喜欢一个人却得不到，那种痛苦，可能每个人都不同程度地有过吧？但是欣赏或喜欢一个人并不一定就非要得到，"爱不是占有，你喜欢月亮不可以把月亮摘下来放到睑盆里"。这样一想，自己也就很快释然了。生活充满了苦难与无奈，也充满了希望与机遇，我们所能做的就是尽力而为减少遗憾，其余的只能顺应天意。现在，我和他们相互之间保持着敬意，保持着距离，成为了那种清淡而持久的朋友。这样也很好，我没能得到他们的感情，曾让我痛苦过失落过，但过了那一段，我发现那些疼痛对我来说都是我生命的养分，我从那些疼痛中学到了许多，也更看清了自己的真正所需。

后来一些在外地读书回来的同学有几个陆续向我走近，他们的学历都比我高，人长得也算得上帅，又有同窗之情，在不知情的人看来，他们应该是上好的选择，而不管自己多么留恋单身生活也确实到了该认真考虑婚姻的时候了。但真正试着向男女之情发展时，才发现他们是适合的朋友人选，却不是合适的结婚对象。多年机械的读书生涯，使他们对人事淡漠，人情世故都不怎么通了，他们的不成熟让人没有基本的安全感，所以尽管他们在许多人看来是优秀的，还是不得不忍痛挥剑斩断这结错了的缕缕情丝——婚姻是脚上的鞋子，而我选鞋子，总是先考虑是否合脚，然后才考虑美观。

总之不管是别人喜欢我还是我喜欢别人，都是单方面的，两个人同时有感觉的情况一直没出现，我将之归于运气不好，而别人都说这是缘分未到。不管怎么说，自己这么大了却的的确确没有真正地恋爱过，对此，许多人不理解，认为是我对爱情婚姻的要求太高。事实是因为爱情小说看得过多，又一直没有人给我一个正确的引导，我对爱情的态度的确有镜中花水中月，缺少柴米油盐味儿的倾向；但对婚姻，我一直都有非常实在的态度，善良纯朴、有责任感、不乏学识、身心健康，然后和我双看两不厌。

前段儿时间，一个网友发给我一个 flash，里面有这样一段文字：

人的一生会遇到四个人

第一个是自己

第二个是你最爱的人

第三个是最爱你的人

第四个是你将与之共度一生的人

首先会遇到你最爱的人

体会爱的感觉

因为了解被爱的感觉

所以才能发现最爱你的人

当你经历了爱与被爱

学会了爱才会知道什么是你需要的

也才会找到最适合你

能够相处一辈子的人

但很悲哀

在现实中

这三个人通常不是一个人

你最爱的

往往没有选择你

最爱你的

往往不是你最爱的

而最长久的偏偏不是你最爱的和最爱你的

只是在最合适的时间出现的那个人

　　虽然停留在人生的单身阶段，自由得好像一条游泳的鱼，从头到脚都写满了洒脱和恣意，但是人不能总是这样无限制地自由下去，我想我总要结婚，可那个在最合适时间出现的人又将会是谁？然而不管是谁，自己可以确定的是，自己肯定会比以往任何时候都更加珍情惜缘！

（青苹果）

微笑着，去唱生活的歌谣

微笑着面对生活带给我们的一切。

微笑着，去唱生活的歌谣。不要抱怨生活给予了太多的磨难，不必抱怨生命中有太多的曲折。大海如果失去了巨浪的翻滚，就会失去雄浑，沙漠如果失去了飞沙的狂舞，就会失去壮观，人生如果仅去求得两点一线的一帆风顺，生命也就失去了存在的魅力。

微笑着，去唱生活的歌谣。把每一次的失败都归结为一次尝试，不去自卑；把每一次的成功都想象成一种幸运，不去自傲。就这样，微笑着，弹奏从容的弦乐，去面对挫折，去接受幸福，去品味孤独，去沐浴忧伤。

微笑着，去唱生活的歌谣。去把"人"字写直写火，活出一种尊严，活出一种力量，不向金钱献媚，不向权势卑躬。清贫，是一首朴素的歌；平凡，是一行亮丽的诗。微笑着，我们去唱去吟，在平静中看红尘飞舞，在孤寂中品世事沉浮。

微笑着，去唱生活的歌谣。把尘封的心胸敞开，让狭隘自私淡去；把自由的心灵放飞，让豁达宽容回归。这样，一个豁然开朗的世界就会在你的眼前层层叠叠打开：蓝天、白云、小桥、流水……潇洒快活地一路过去，鲜花的芳香就会在你的鼻翼醉人地萦绕，华丽的彩蝶就会在你身边曼妙地起舞。

微笑着，去唱生活的歌谣。眼泪，要为别人的悲伤而流；仁慈，要为善良的心灵而发；同情，给予穷人的贫苦；关怀，温暖鳏寡孤独的凄凉。

微笑的我们，要用微笑的力量，去关照周围，去感化周围，去影响周围，直至每一个人的脸上都挂起一片不落的灿烂。是的，就这样，我们微笑着面对生活带给我们的一切。

（马德）

人生更短的东西

人生更短的不是你的缺陷和缺点，不要一味地掩饰、分割你的短处和不足。

10岁那年，我从牛背上摔了下来，落下了脚跛的后遗症。我不再和同学们一起玩耍，我怕看他们的目光，更怕他们在我背后交头接耳、嘻嘻哈哈。我用自己的冷漠和孤独去对抗他们的热情、同情或嘲笑。

直到上了初中一年级，我仍没有任何朋友，也很少和同学、老师说话，每天都静静地待在教室最后面的一个角落里发呆。

后半学期，一位姓邱的老头当了我的班主任。一天下午放学后，他叫住正要走出教室的我。"可以到我的办公室做客吗？"邱老师的脸上布满了真诚和慈祥。那一刻，我的泪水流了下来。自从上学起，还没有哪位老师对我这样微笑过—不含怜悯，没有嘲笑。

邱老师让我坐下，他用粉笔在地上画了一条直线。"你能用什么方法使它变短？"

我笑了，这有什么难的。我用手指在直线上抹了一下："这不就短了吗！"

"还有其他方法吗？"邱老师仍然微笑着问我。

我又用手指狠狠地在一节线段上抹了一下："老师，它更短了。"

"还有其他方法吗？"我摇了摇头。"你看，"邱老师拿起粉笔在三节线段的旁边又画了一条更长的直线，"它们是不是更短了一些。"邱老师指着两条线说。

我点了点头，诧异地望着他，我不知道今天这老头葫芦里卖的什么药？

"刚才的短线好比人的短处，长线呢，就好比人的长处。你只在短线上抹了几下，表面上，它变短了，可事实上它还继续存在，就像人的短处，无论怎样掩饰、分割，它仍是你的短处。人生有些事情不能轻易改变，但改变另外一些东西，就容易多了。"邱老师说着，又在线段的旁边画了一条更长的线，"你看，人的长处越长，他的短处不就更短了吗？"

我不禁震住了。"我通过别的老师和同学，包括你的父母了解到，其实你有许多别的同学没有的优点，你的书法、文章都写得不错。眼光放到你的长处上，你同样可以成功、快乐。"

从此以后，我不再为我的脚跛而自卑，我的性格逐渐热情开朗起来。

人生更短的不是你的缺陷和缺点，不要一味地掩饰、分割你的短处和不足。正视它，然后淋漓地发挥长处和优势，那么你的短就会越来越短，成功也会越来越近。

（孔其）

蔚蓝色的理想

　　理想的花，包孕了太久；惟其如此，绽放时，才惹得我们泪下沾襟。

　　海伦在没有认识车的时候就认识了船。11 岁的她已经是一个划船高手。她太迷恋那种驾一叶孤舟、纵横于水上的感觉。

　　海伦的父亲拉罕姆是一个优秀的弄潮儿，他的人生理想就是以最快的速度驾舟横渡 1.28 万公里的大西洋。在海伦 23 岁那年，拉罕姆决定实施自己伟大的横渡计划，但他拒绝带着一心想与他同行的海伦上路—他担心吉凶莫测的大海会吞噬了心爱的女儿。就这样，拉罕姆只身登舟，不久，一项新的吉尼斯世界纪录就在他手中诞生了。

　　海伦的心在那一片辽阔的蔚蓝上摇曳。当一个叫约翰的青年驾着一艘自己设计的帆船向她驶来的时候，她毅然嫁给了他。她开始寄希望于自己的爱侣，希望能与他一道去领略那 1.28 万公里的蔚蓝。然而，水波不兴的甜美日子水草般羁绊住两个人的手脚。那条帆船在岸上做起了与水无关的梦……

　　拉罕姆走了。约翰走了。转眼就有 11 个孩子追着海伦喊祖母了。海伦重新走向那条闲置已久的帆船。在能够携手的人相继辞世之后，她才顿然明了—灵魂深处的焦躁只有自己的双手才可以去安妥。

　　2000 年 8 月，一个阳光灿烂的日子，89 岁的海伦只身离开英格兰，开始了她向往已久的大西洋之旅。

　　她在那一片蔚蓝中看见了自己离别已久的父亲，沿着他当年的航道，追随着他当年的足迹，她跟过来了！在死神衣袂飘忽的海上，她没有给自己丝毫畏惧的权利，毕竟，与那生长了差不多整整一辈子的渴望相比，风浪显得太微不足道了。海伦成功了。她以"最年迈的老人驾舟横渡大西洋"刷新了一项世界纪录。

——理想的花,包孕了太久;惟其如此,绽放时,才惹得我们泪下沾襟。

(佚名)

有梦才有远方

太阳总在有梦的地方升起;月亮也总在有梦的地方朦胧。

因为有了梦才有梦想;有了梦想,才有了理想;有了理想,才有为理想而奋斗的人生历程。

雪野茫茫,你知道一棵小草的梦吗?寒冷孤寂中,她怀抱一个信念取暖,等到春归大地时,她就会以两片绿叶问候春天,而那两片绿叶,就是曾经在雪地下轻轻的梦呓。

候鸟南飞,征途迢迢。她的梦呢?在远方,在视野里,那是南方湛蓝的大海。她很累很累,但依然往前奋飞,因为梦又赐给她另一对翅膀。

窗前托腮凝思的少女,你是想做一朵云的诗,还是做一只蝶的画?

风中奔跑的翩翩少年,你是想做一只鹰,与天比高?还是做一条壮阔的长河,为大地抒怀?

我喜欢做梦。梦让我看到窗外的阳光,梦让我看到天边的彩霞;梦给我不变的召唤与步伐,梦引领我去追逐一个又一个的目标。1952年,一个叫查克·贝瑞的美国青年,做了这么一个梦:超越贝多芬!并把这个消息告诉柴可夫斯基。

多年以后,他成功了,成为摇滚音乐的奠基人之一。梦赋予他豪迈的宣言,梦也引领他走向光明的大道。梦启发了他的初心,他则用成功证明了梦的真实与壮美~因为有了梦才有梦想；有了梦想，才有了理想；有了理想，才有为理想而奋斗的人生历程。没有泪水的人，他的眼睛是干涸的；没有梦的人，他的夜晚是黑暗的。

太阳总在有梦的地方升起；月亮也总在有梦的地方朦胧。梦是永恒的微笑，使你的心灵永远充满激情，使你的双眼永远澄澈明亮。

世界的万花筒散发着诱人的清香，未来的天空下也传来迷人的歌唱。我们整装待发，用美梦打扮，从实干开始。等到我们抵达秋天的果园，轻轻地擦去夏天留在我们脸上的汗水与灰尘时，我们就可以听得见曾经对春天说过的那句话：美梦成真！

（罗西）

泪的重量

只要是真诚的泪，那就是生命共同的泪。

轻的泪，是人的泪，而动物的泪，却是有重量的泪。

那是一种来自生命深处的泪，是一种比金属还要重的泪。也许人的泪中还合有虚伪，也许人的泪里还有个人恩怨，而动物的泪里却只有真诚，也只有动物的泪，才更是震撼人们灵魂的泪。

第一次看到动物的泪，我几乎是被那一滴泪珠惊呆了。本来，我以为泪水只为人类所专有，而动物因没有情感，它们也就没有泪水。但是直到真的看到了动物的泪，我才相信动物也和人一样，它们也有悲伤，更有痛苦。只是它们因为没有语言，或者是人类还不能破译它们的语言，所以，当人们看到动物的泪水时，才会为之感到惊愕。直到此时，人们才会相信，动物更有种为人类所不理解的无声的哀怨。

我第一次看到动物的泪，是我家一只老猫的泪。这只老猫已经在我家许多许多年了，不知它生下了多少子女，也不知它已经是多大的年纪，只是知道它已经成了我们家庭的一个成员。我们全家人每天生活的一项内容，就是和它在一起戏耍。在它还是一只小猫的时候，我们逗引得它在地上滚来滚去，后来，它渐渐地长大了，我们又把它抱在怀里好长好长时间地抚摸它那软软的绒毛。也是我们和它亲近得太多了，它已经一天也离不开我们的抚爱，无论是谁，只要这一天没有抚摸它一下，就是到了晚上，它也要找到那个人，然后就无声地卧在他的身边，等着他的亲昵，直到那人终于抚摸了它，哪怕只是一下，这时它才会心满意足地慢慢走开，就好像是为此感到充实，也为此感到幸福。

　　只是多少年过去，这只老猫已经是太老了，一副老态龙钟的样子，行动已经变得缓慢。尽管到这时我们全家还是对它极为友善，但，也不知道是一种什么原因，这只老猫渐渐地就和我们疏远了。它每天只是在屋檐下卧着，无论我们如何在下面逗引它，它也不肯下来，有时它也懒懒地向我们看上一眼，但随后就毫无表情地又闭上了眼睛。

　　母亲说，这只老猫的寿限就要到了。也是人类的无情，我们一家人最担心的却是怕它死在家中一个不为人所知的角落，我们怕它会给我们带来麻烦。就这样每天每天地观察，我们只是看到这只老猫确实是一天一天地更加无精打采了。但它还是就在屋檐下、窗沿上静静地卧着，似在睡，又似在等着那即将到来的最后日子。也是无意间的发现，我到院里去做什么事情的时候，因为看见这只老猫在窗沿上卧得太久了，我就过去想看看它是睡着了，还是和平时一样地在晒太阳。但在我靠近它的时候，我却突然发现，就在那只老猫的眼角处，凝着一滴泪珠。看来，这滴泪珠已经在它的眼角驻留得太久了，那一滴泪已经被太阳晒得活像是一颗琥珀，一动不动，就凝在眼角边，还在阳光下闪出点点光斑。"猫哭了。"不由己地，我向房里的母亲喊了一声，母亲立即就走了出来，她似在给这只老猫一点最后的安慰。谁料这只老猫一看到母亲向它走了过来，立即挣扎着站了起来，用最后的一点力气，一步一步地向房顶爬了上去。这时，母亲还尽力想把它引下来，也许是想给它点最后的食物，但这只老猫头也不回地，就一步一步地向远处走去了，走得那样缓慢，走得那样沉重。

直到这时，我才发现，是我们对它太冷酷了，它在我们家活了一生，我们还是怕它就在我们家里终结生命，总是盼着它在生命的最后时刻，能够自己走开，无论是走到哪里，也比留在我们家强。最先我们还以为是它不肯走，怕它要向我们素要最后的温暖，但是我们把它估计错了，它只是在等着我们最后的送别；而在它发现我们已经感知到它要离开我们的时候，它只是留下了一滴泪，然后就悄无声息地走了，不知走到什么地方去了。

很久很久，我总是不能忘记那滴眼泪，那是一种最真诚的眼泪。那是一种留恋生命，又感知大限到来的泪水。动物不像人类，人类总是对自己存一种侥幸，他们总是希望那种对于每个人都是不可避免的最终结局，会在自己身上出现奇迹，也是我们人类过于贪恋生命，所以我们总是给爱我们的人留下痛苦。倒是动物对此有它们自己的情感，它们只给人们留下自己的情爱，然后就含着一滴永远的泪珠向人们告别，而把最后的痛苦由自己远远地带走。

动物的泪是圣洁的，它们不向人们素求回报。

我第二次看到动物的泪，是一头老牛的泪。我们家在农村有一户远亲，每年寒假、暑假，母亲都要把我送到这家远亲那里去住，那里有我许多的小兄弟，更有一种温暖的乡情，那里有我在城市里得不到的真诚的欢乐。

而最令人为之高兴的是远亲家里有一头老牛，这头老牛已经在他们家里生活了许多年。而且据我的小兄弟们说，这头老牛还有灵性，它能听懂我们的语言。当然，这只是因为我们对这头老牛过于喜爱的缘故，牛如何能听懂人的语言呢？但是这头老牛也许真是有点灵性，每当我们模仿牛的叫声唤它的时候，这时只要它不是在劳作，它就一定会自己走到我们身边，然后我们就一齐骑到它的背上，也不用任何指挥，它就把我们带到田间去了。这时我们就自己在地里玩耍，它在一旁吃草，谁也不关心谁的事。

小兄弟之间，有时会好得形影不离，有时却会反目争吵，最严重的时候，几个人还可能纠缠在一起打得不可开交。但说来也怪，在我们戏耍的时候那头老牛是睬也不睬我们的，而到了我们之间真动了拳脚，那头老牛就似一个老朋友一样走过来，在我们之间蹭来蹭去，就是不让我们任何一方的拳头落在对方身上，也就是短短的几分钟时间吧，忽然一只什么小生命跑了过来，刚才扭在一起的小兄弟，又你从这边，我从那边地追了过去。追到了，大家全都高兴，刚才的那一点仇恨，早就忘到九霄云外去了，而这时再看那头老牛，它又在一旁吃它的草去了。

当然，也是在这头老牛太老了之后，它终于预感到有一件事就要发生了，这时它也和所有的动物一样，开始和它的主人疏远了。每天每天，我们总是看到它的眼角挂着眼泪，也是那种无声的泪。而且，这头老牛最大的变化，就是它不再理睬我们这些小兄弟了。有好几次我还像过去那样学牛的叫声，想把它唤过来，它明明是听到了我们唤它的声音，但它只是远远地抬起头来向我们看看，然后理也不理地，就低下头做它自己的事了。

传统的民间习惯，总是把失去劳力的老牛卖到"汤锅"里去。所谓的"汤锅"，就是屠宰场，也就是把失去劳力的老牛杀掉卖肉。这实在是太残忍了，但中国农民还不知应该如何安排动物最后的终结。农家是无可责怪的，家家都是这样做的，你又让一个农民如何改变这种做法呢？只是这头老牛已经是对此有所准备了，它似是早就有了一种预感，每次它回到家里之后，它就似是用心地听着什么，而门外一有了什么动静，它就紧张地抬头张望，再也不似它年轻的时候，无论外面发生了什么事，它都理也不理地，只管做着自己的事。然而，这一天终于到来了，那正是我在这家远亲家里住的时候，只是听说"汤锅"的人来了，我们还没有见到人影，可就看见那头老牛哗哗地流下了泪水。老牛的眼泪不像老猫的泪那样只有一滴，老牛的眼泪就像是泉涌一样，没有多少时间，老牛就哭湿了脸颊，这时，它脸上的绒毛已经全部湿成了一缕一缕的毛辫，而且泪水还从脸上流下来，不多时就哭湿了身下的土地。老牛知道它的寿限到了，无怨无恨，它只是叫了一声，也许是向自己的主人告别吧，然后，它就被"汤锅"的人拉走了。只流下了最后的泪水，还在它原来站立的地方，成了一片泪湿的土地。

如果说猫的泪和牛的泪，还是告别生命的泪，那么还有一种泪，则就是忍受生命的泪了。这种泪是骆驼的泪，也是我所见到的一种最沉重的泪。

那是在大西北生活的日子，一次我们要到远方去进行作业，全农场许多人一起出发要穿越大戈壁，没有汽车，没有道路，把我们送到那里去的只有几十峰骆驼。于是，就在一个阴晦的日子，我们上路了，一队长长的骆驼，几十个被社会遗弃的人，无声无息地就走进了荒漠。没有一株树木，也没有一簇野草，整整走了一天，也没有见到一个人影，就这样默默地走着，我们吃在驼背上，喝在驼背上，摇摇晃晃，我们还就睡在驼背上。走啊，走啊，从早晨走到中午，又从中午走到黄昏，坐在驼背上的人们已经是疲惫不堪了，而骆驼还在一步一步地走着，没有一点躁动，没有一点厌倦，就是那样走着，默默地忍受着命运为它们安排的一切。

脚下是无垠的黄沙，远处是一簇簇擎天直立的荒烟，"大漠孤烟直"，我第一次亲身感受到古人喟叹过的洪荒，我们的人生是如此的不幸，世道又是如此的艰难，坐在骆驼背上，我们的心情比骆驼的脚步还要沉重。也许是走得太累了，我们当中竟有人小声地唱了起来，是唱一支曲调极其简单的歌，没有激情，也没有悲伤，就是为了在这过于寂寞的戈壁滩上发出一点声音。果然，这声音带给了人们一点兴奋，立时，大家都有了一点精神，那一直在骆驼背上睡着的人们睁开了眼睛。但是，谁也不会相信，就是在我们一起开始向四周巡视的时候，我们却一起发现，驮着我们前行的骆驼，也正被我们的歌声唤醒，它们没有四处张望，也没有嘶鸣，它们还是走着走着，却又同时流下了泪水。

骆驼哭了，走了一天的路，没有吃一束草，没有喝一滴水，还在路上走着，也不知要走到何时，也不知要走到何地，只是听到了骑在它背上的人在唱，它们竟一起哭了，没有委屈，没有怨恨，它们还是在走着，走着，然而却是含着泪水，走着，走着……

这是一种发自生命深处的泪，这是一种生命与生命相互珍爱的泪，是一种超出了一切世俗卑下情感的泪，这更是我们这个世界最高尚的泪。直到此时，我才彻悟到泪水何以会在生命与生命之间相互沟通，人的泪和动物的泪，只要是真诚的泪，那就是生命共同的泪。

我看到过动物的泪，那是一种比金属还要沉重的泪，那更是使我们这个世界变得辉煌的泪；那是沉重的泪，更是来自生命深处的泪，那是我终身都不会忘记的泪啊！

（林希）

时间客店

我将要失去其中所有最可珍贵的象征性意蕴。

比预定的时间来得早了一些。其实，谁能说得准呢。

店堂里蒸汽弥漫，伙计们忙进忙出，有几个像我早到的食客已闲坐在方桌边等候服务。我瞄好一个空位走过去，用脚背勾过来一把椅子，一我实在腾不出双手来，因为以受命自负的我此刻正平托着一份形如壁挂编织物似的物件，凭直觉我知道那就是所谓"人人心中所有、人人笔底所无"的"时间"。

刚坐定，一位妇女径直向我走过来，环顾一下四周，俯身轻轻问道："时间开始了吗？"与我对视的两眼贼亮。我好像本能地理解了她的身份及这种问话的诗意。我说：待我看看。于是检视已被我摊放在膝头的"时间"，这才发现，由于一路辗转颠簸磨损，它已被揉皱且相当凌乱，其中的一处破缺只剩几股绳头连着。我深感惋惜，告诉她：我将修复，只是得请稍候片刻。

我俯身于那一物件，拧松或是拧紧那一枚枚指针，织补或梳理那一根根经纬，像琴师为自己的琴瑟调试音准。而我已本能地意识到我将要失去其中

所有最可珍贵的象征性意蕴。

此时，店堂伙计、老板与食客也同时围拢过来，学着那位妇女的口吻齐声问我："时间——开始了吗？"他们的眼睛贼亮，有如荒原之夜群狼眼睛中逼近的磷火。未免太做作、太近似表演。我心想。其实，我几已怒不可遏了。

"够了。"我终于喝斥道："你们这些坐享其成者，为时间的开始又真正做出过任何有益的贡献么？其实，你们宁可让时间死去，拔一毛利天下而不为。"我发觉自己的眼睛充盈着泪水。是的，没有人帮助我。我的料想没错，尽管围观者觉得"时间"与他们有关，表现出异乎寻常的焦灼或关心，但他们为"时间"的修复甚至于不愿捐献出哪怕一根绳头，一譬如我曾暗示客店老板，请准许从其悬挂在门楣的索状珠帘中只是让我任意抽取一根。我终究未能、也无能补齐"时间"材料，哪怕只是采用"代用品"。我流泪了。如此孤独。

人是一种有着致命弱点的动物。

而这时，我发现等候我作答的那位女子已不知在何时辰悄然离去，这意味着机会的全盘失却。机会不存，时间何为？或者，时间未置，机会何喻？我痛心疾首。幸好，当此之时，我已从痛楚之中猛然醒觉，蒸汽弥漫的店堂、人众以及悬挂在梁柱吊钩的鲜牛肉也即全部消失。时间何异？机会何异？过客何异？客店何异？沉沦与得救又何异？从一扇门走进另一扇门，忽忽然而已。但是，真实的泪水还停留在我的嘴角。

（昌耀）

两根沉木条

危险固然可怕，但比危险更可怕的是人的麻痹大意。

一位游客为了领略山间的野趣，一个人来到一片陌生的山林，左转右转迷失了方向。正当他一筹莫展的时候，迎面走来了一个挑山货的美丽少女。

少女嫣然一笑，问道："先生是从景点那边走迷失的吧？请跟我来吧，我带你抄小路往山下赶，那里有旅游公司的汽车等着你。"

游客跟着少女穿越丛林，阳光在林间映出千万道漂亮的光柱，晶莹的水汽在光住里飘飘忽忽。正当他陶醉于这美妙的景致时，少女开口说话了："先生，前面一点就是我们这儿的鬼谷，是这片山林中最危险的路段，一不小心就会摔进万丈深渊。我们这儿的规矩是路过此地，一定要挑点或者扛点什么东西。"

游客惊问："这么危险的地方，再负重前行，那不是更危险吗?"

少女笑了，解释道："只有你意识到危险了，才会更加集中精力，那样反而会更安全。这儿发生过好几起坠谷事件，都是迷路的游客在毫无压力的情况下一不小心掉下去的。我们每天都挑东西来来去去，却从来没人出事。"

游客不禁冒出一身冷汗。没有办法，他只好接过少女递过来的两根沉沉的木条，扛在肩上，小心翼翼地走过这段"鬼谷"路。两根沉木条，在危险面前竟成了人们的"护身符"。

与此相类似的是香港启德机场，它就位于市中心，飞机掠过深水、坦步九龙等闹市的时候，乘客能清楚地看见住家阳台上晒的衣服。就是这么一个被称作"世界上最危险的机场",数十年直至关闭都没有出现过大灾难。探究其中的原因,有人说正是因为危险,所以全世界的飞行员都小心翼翼,不容许自己出一点差错,香港的启德机场因此才成为世界上最安全的机场之一。

危险固然可怕,但比危险更可怕的是人的麻痹大意。危险不一定制造灾难,但人的疏忽往往是灾难的渊源。

这正是"压力效应"——推而广之,人生中的很多时候,我们不也该在肩上压上两根"沉木条",让它唤醒我们的斗志与韧性?

(陈志宏)

心灵的杂草

我要清理一下自己。我心灵上的杂草已经太多了!

那天是周六,和几位朋友约好晚上去蓝海的士高蹦迪,却突然接到主任通知:有批胶片需要尽快发往广西。我心急火燎地把胶片包装好,然后在楼下招了一辆摩托车去窑口车站。我与车手讲好,到站后我付给他单程车费,他在原地等我,然后我坐他的车回来。

到了车站,我匆匆揣着那几叠胶片下了摩托,付了车费后,就转身从人行道跑向马路对面,交了货。

付款时我忽然发觉钱包不知何时不翼而飞了!我想肯定是在穿越人行道时被人顺手牵羊偷丁去。好在对方办事人是熟人,答应下次再补给。

我千恩万谢地走了。刚走不远,我心里犯了难,钱包丢了,损失几百块钱不说，证件可怎么办呢？更重要的是，我现在连回去的钱也没有了！我把身上所有的口袋摸了一遍，只摸到一枚一元面值的硬币。揣着这一枚硬币，我决定逃开马路对面守候我的那个人，悄悄地搭乘公共汽车回公司。我环顾了一下，看到那人还在等我，我心里动了一下，要不要向他解释一下，但一转念，他不见得会听我的解释呢。于是，我趁着他背对我的那一瞬间，飞也似的跳上了一辆正徐徐启动的公交车。我低低地蹲在车里，努力不让马路对面的他发现我。我远远地看到他仍站在原地，并不时向车站出口处张望着。我紧张极了，以至于车上有了空座我也不敢落座，惟恐他从后面追上来。

在那段返途中，我丝毫没有心疼那几百元钱，也忘了去想丢失证件后的麻烦，我的心里充满了做贼的恐惧。我提前一个站下了车，一路小跑着回公司。刚拐进公司大门的那个巷口，我一下子懵了：那穿格子T恤的车手正守在公司门口！

"哈，你终于来了！"他拿下放在摩托车上的右腿，晃悠悠地向我走来，"你急坏了吧？"

我战战兢兢地问："你，你说什么？"

"你的钱包在我这里，难道你一点都不急吗？"

"啊？"我的记忆飞快地返回到我下摩托车时的那一刻，一片模糊，我什么也记不得了！

"你把钱包放在后座上，抱着那摞纸袋就走了，等我发现你把钱包遗忘在这里时，已经叫不到你了。"他大大咧咧地说完，把我的钱包递过来，"我看到了你包内的几张名片，才找到这里……"我站在那里，心里排山倒海似的翻腾着。我握住他的手："大哥，对不起，我……"

"你不该逃避！"他笑着说了这一句，就转身跨上摩托要走。我心里一紧，是啊，我在逃避什么呢？此刻我逃避的不正是我担心失去的吗？我要了他的电话，我想有机会和他作一次倾心长谈，我相信，我们会成为朋友。

在他和摩托车一起消失在我的目光尽头时，朋友打响了我的手机说，已

经等在迪厅门口了。我说，对不起，今晚我不能去了。

他问为什么，我说，我要清理一下自己。我心灵上的杂草已经太多了！

（李玉）

忘记的姿势

或者极其漫长痛楚，而且全无诗意，然而这才是，真正的人生。

她以为分手，会在一带攀满常春藤的墙边，月亮是微湿的银钩，她微笑颔首："好，保重。"转身去，长风掀起她深烟灰红的大衣下摆，小蛮靴一步步，踏着苍凉。

然而却是拉拉扯扯，某一家餐厅门口。她全是哭腔，却硬撑着："你说清楚，说清楚。"手死死揪着他不放，生怕一松手他会跑掉。他皱着眉，意识到周围好奇的打量，烦极了，最后一次按捺："我还有事，我们以后再联络。"左右闪缩，躲她，像躲一个传染病患者。

她以为痛，会如虫咬噬大红锦缎，隐约黯淡而华美，她渐渐无言，清瘦，穿一条绕踝的缠绵碎花裙，抬头绽颜而笑，低头，一滴不为人知的泪没入卡布其诺。

事实上她没心情逛街，谁约她去泡咖啡馆统统推掉。下班就回家，饭后在电脑前发呆，吃很多很多零食，任自己胖了好大好大一圈。就那几个常去的网站，无聊地刷新又刷新，屏幕晃动模糊，原来是哗啦啦，落了一脸泪。哭着哭着，又去打那个早已停机一周、两周，一个月……的手机号码，明知是："对不起，你拨叫的号码不存在。"倨傲的机器女声，冷硬如斧，劈她的心。

她以为救赎，会是一双温暖的手，沉默而有力，为她拭泪，抱她在胸口，那么紧，到近乎窒息的程度，耳侧是他的低语，再不会了，让任何人伤害你。

　　不过那时她太胖，白马也驮不起她。冬天，大地披上一层白毯子，春天的太阳，扯下白毯子，她竟穿不进任何一件去年衣，看镜中臃肿的自己，比当初目睹背叛更惊心动魄。赶快报名瘦身班，一摸荷包——虽肥腰身，独瘦此公，是这段日子废耕废织的结果。要找点散工来打，便发现通信录上的朋友、关系都好久不联系了。猛一醒，单位领导已对她摇了好久的头，这才是身家性命的事。减肥，工作，联络朋友，有这许多好电影在上演……纵使记忆五光十色，忙，亦令人目盲。

　　她以为重逢，会在红尘滚滚的盛世街头，或者深秋湖畔，醉金烂碧的落叶铺满小径，抑或游人如织的泰姬陵里，骤然听见，永远不能忘的，他的声音……霎时间，石破天惊，云垂海立。

　　其实就是他打电话来，道："是我。"她正忙："哪位？"他默然半响："我。"她还没听出来，带笑委婉道："对不起……"是更久更久的寂静，他终于报上名来，有事找她帮忙。于她，只是举手之劳，她稍一迟疑便应了。他说不如出来吃个饭，她笑说我减肥呢，他说以前……六个圆点之后，是万语千言，呼之欲出。她最怕人家跟她说这些以前的事，打断他："还有事吗？不如以后再聊。"

　　挂断电话就忘了，像打扮停当上街去，午后的香草街口，随手扔下一袋垃圾，扔出去，手里便空无一物，像从来没拎过任何东西。也根本没留意，曾经有一个扔的姿势。

　　——这是重逢，也是真正的忘记，连忘记本身，都不记得。她想，到这个年纪，她终于懂得爱情不是小说，人生不是电影，而她全不轻愁哀怨，当她爱过，当她彻底忘怀。

　　痊愈，或者极其漫长痛楚，而且全无诗意，然而这才是，真正的人生。

（叶倾城）

风庐茶事

　　若要捕捉那捕捉不着的东西，需要富裕的时间和悠闲的心境。

　　茶在中国文化中占特殊地位，形成茶文化。不仅饮食，且及风俗，可以写出几车书来。但茶在风庐，并不走红，不为所化者大有人在。

　　老父一生与书为伴，照说书桌上该摆一个茶杯。可能因读书、著书太专心，不及其他，以前常常一天滴水不进。有朋友指出"喝的液体太少"。他对于茶始终也没有品出什么味儿来。茶杯里无论是碧螺春还是三级茶叶末，一律说好，使我这照管供应的人颇为扫兴。这几年遵照各方意见，上午工作时喝一点淡茶。一小瓶茶叶，终久不灭，堪称节约模范。有时还要在水中夹带药物，茶也就退避三舍了。

　　外子仲擅长坐功，若无杂事相扰，一天可坐上 12 小时。照说也该以茶为伴。但他对茶不仅漠然，更且敌视，说"一喝茶鼻子就堵住"。天下哪有这样的逻辑！真把我和女儿笑岔了气，险些儿当场送命。

　　女儿是现代少女，喜欢什么七喜、雪碧之类的汽水，可口又可乐。除在我杯中喝几口茶外，没有认真的体验。或许以后能够欣赏，也未可知，属于"可教育的子女"。近来我有切身体会，正好用作宣传材料。

　　前两个月在美国大峡谷，有一天游览谷底的科罗拉多河，坐橡皮筏子，穿过大理石谷，那风光就不用说了。天很热，两边高耸入云的峭壁也遮不住太阳。船在谷中转了几个弯，大家都燥渴难当。"谁要喝点什么？"掌舵的人问，随即用绳子从水中拖上一个大兜，满装各种易拉罐，熟练地抛给大家，好不浪漫！于是都一罐又一罐地喝了起来。不料这东西越喝越渴，到中午时，大多数人都不再接受抛掷，而是起身自取纸杯，去饮放在船头的冷水了。

要是有杯茶多好！坐在滚烫的沙岸上时，我忽然想，马上又联想到《孽海花》中的女主角傅彩云做公使夫人时，参加一次游园会，各使节夫人都要布置一个点，让人参观。彩云布置了一个茶摊。游人走累了，玩倦了，可以饮一盏茶，小憩片刻。结果茶摊大受欢迎，得了冠军。摆茶摊的自然也大出风头。想不到我们的茶文化，泽及一位风流女子，由这位女子一搬弄，还可稍稍满足我们民族的自尊心。

但是茶在风庐，还是和者寡，只有我这一个"群众"。虽然孤立，却是忠实，从清晨到晚餐前都离不开茶。以前上班时，经过长途跋涉，好容易到办公室，已经像只打败了的鸡。只要有一盏浓茶，便又抖擞起来。所以我对茶常有从功利出发的感激之情。如今坐在家里，成为名副其实的两个小人在土上的"坐"家，早餐后也必须泡一杯茶。有时天不佑我，一上午也喝不上一口，搁在那儿也是精神支援。

至于喝什么茶，我很想讲究，却总做不到。云南有一种雪山茶，白色的，秀长的细叶，透着草香，产自半山白雪半山杜鹃花的玉龙雪山。离开昆明后，再也没有见过，成为梦中一品了。有一阵很喜欢碧螺春，毛茸茸的小叶，看着便特别，茶色碧莹莹的，喝起来有点像《小五义》中那位壮士对茶的形容："香喷喷的，甜丝丝的，苦因因的。"这几年不知何故，芳踪隐匿，无处寻觅。别的茶像珠兰茉莉大方六安之类，要记住什么味道归在谁名下也颇费心思。有时想优待自己，特备一小罐，装点龙井什么的。因为瓶瓶罐罐太多，常常弄混，便只好摸着什么是什么。一次为一位素来敬爱的友人特找出东洋学子赠送的"清茶"，以为经过茶道台面的，必为佳品。谁知其味甚淡，很不合我们的口味。生活中各种阴错阳差的事随处可见，茶者细微末节，实在算不了什么。这样一想，更懒得去讲究了。

妙玉对茶曾有妙论，"一杯曰品，二杯曰解渴，三杯就是饮驴了"。茶有冠心苏合丸的作用那时可能尚不明确。饮茶要谛应在那只限一杯的"品"，从咂摸滋味中蔓延出一种气氛。成为"文化"，成为"道"，都少不了气氛，少不了一种捕捉不着的东西，而那捕捉不着，又是从实际中

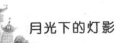

来的。

若要捕捉那捕捉不着的东西，需要富裕的时间和悠闲的心境，这两者我都处于"第三世界"，所以也就无话可说了。

（宗璞）

我是船，书是帆

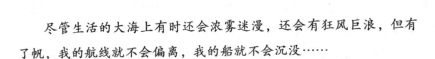

尽管生活的大海上有时还会浓雾迷漫，还会有狂风巨浪，但有了帆，我的航线就不会偏离，我的船就不会沉没……

偶尔翻开少女时代的一个旧本子，几片彩色从里面忽闪着飘落到地上，捡起来，我禁不住快乐地笑了，它们给了我一个意外的惊喜，那是我少女时代自己做的书签。有用卡片纸做的，也有用树叶做的。我在小小的卡片上用水彩画了美丽的图画。每一个书签都系了一根彩色的丝线。其中一片书签上画着一只小船，正高高地扬着白帆在蓝色的海上航行。我久久地凝视着这个书签，那时候，我正像一只小船，疾病像急流冲击着我，而一本本好书却像鼓满风的帆推着我勇敢地逆流而行……

那时，我没有想到后来自己能成为作家，我想我当作家或许是因为我读了很多作家写的书。我并不具备当作家的天赋，缺乏作家思维的能力。我生性热情奔放，率直单纯，少女时代我只是梦想，一再梦想，将来当医生或是化学家。在长期的病痛中，是一本本书让我沉静下来，它们牵着我的思绪四处漫游，从遥远的古代到宇宙的深处，从幽静的山村农舍到繁华喧闹的异国城市，都留下了我思想的航迹。还有古今中外圣贤哲人睿智的思想和渊博的学识，各种各样平凡的人们形形色色的生活、境遇、梦想和希望，都留下了我触摸的手印……终于有一天，我觉得我有很多很多话要用笔来倾诉，我幻想着我的脑汁凝固成一本书——就像我曾读过的书。

在读书中，我的心灵得到了陶冶，我的思想得到了飞升，不再把个人的痛苦看得太重，我懂得了世界和人类的历史就是由无数的灾难、苦痛和奋争组成的。那些日子，我曾经为书中的人物热血澎湃，我曾经为他们的命运流下泪水，我更为许多高尚者肃然起敬。哦，书是多少敏感的心灵在悲与喜的交织中碰撞出来的火花，书是多少深沉的头脑对社会对人生反复思索的结晶，书是多少人对后代的期望和启蒙……

我不再仅仅沉湎于文学作品之中，我拓展着自己生活的天地。我读外语、读历史、读地理、读哲学……我记住了培根的"知识就是力量"这句话。知识是基础，是成功的基石。学习专业知识远比单纯地阅读文学作品困难得多，学习中每一段道路都必须负重而行。学习外语时不光要读书，还要把书中的知识消化掉，变成自己的知识积淀。学习专业知识的时候，读书经常有读不下去的时候，甚至为了记忆要经受令人难耐的反复阅读。几年下来，一本本工具书甚至被磨得毛了边。那努力的过程，就像希腊神话中的西西弗斯，整日推着一块大石头上山，推上去，滚下来，再推上去……但苦读之后，如同饮下一杯醇香的酒，知识带给人类的快乐真是回味无穷。

在我攻读硕士学位的日日夜夜，身边又堆起比往日更多的书，古今中外的哲人对生活和生命博大精深的认识和诠释，使我的文化视野更开阔，也使我能重新审视自己的生命轨迹。生活是什么？人生的意义是什么？什么样的生活才有意义？在那之前，我曾经多次产生过对痛苦的厌倦，对疾病折磨的无可奈何，而书本却告诉我，即使是痛苦的生命，只要不放弃，也会绽放出艳丽的花朵。

今天，我依然像童年和少女时代一样，深深地热爱每一本好书。长期被疾病禁锢在室内的生活，于常人看来是太孤独了，而我不这样想。清晨，每当我睁开眼睛，第一眼就会看到满架的书籍，还有堆在桌子上和床头的一本本打开的书。甚至还有半夜因困倦从手中滑到地上的书。我一醒来就会感到自己置身在一个纷繁的世界。翻开一本本书，我的眼前便会浮升起一条颤动的地平线，于是，我就仿佛看见古今中外的人物晃动着不同的身影向我走来……

多少年，我总是在书籍的鼓舞下，在探求知识、渴望认识的激情中，从病床上一次次挣扎起来，开始一天的工作。

我是船，书是帆，尽管生活的大海上有时还会浓雾迷漫，还会有狂风巨浪，但有了帆，我的航线就不会偏离，我的船就不会沉没……

（张海迪）

乡居闲情

人们都太忙了，从忙着吃奶、长牙，到忙着学走路、学说话、学念书……以至于忙着魂牵梦萦地恋爱，气急败坏地赚钱，因此忘了他们的周遭，还有这么一个可爱的世界。

门前一片草坪，人们日间为了火伞高张，晚上嫌它冷冷清清，除了路过，从来不愿也不屑在那儿留连；惟其如此，这才成了真正是"属于我"的一块地方，它在任何时候，静静地等候着我的光临。

站在这草坪上，当晨曦在云端若隐若现之际，可以看见远处银灰色的海面上，泛着渔人的归帆。早风穿过树梢，簌簌地像昨宵枕畔的絮语，几声清脆的鸟叫，荡漾在含着泥土香味的空气之中，只有火车的汽笛，偶然划破这无边的寂静。

骄阳如炙的下午，我常喜欢倚在树阴下，凝望着碧蓝如黛的海水，静听近处人家养的小火鸡在"软语呢喃"。实在的，我深信无论谁听了小火鸡的声音，一定不会怪我多事——把燕子的歌喉，让小火鸡掠美。那有如小儿女向母亲撒娇的情调，是这么微细、婉转，轻轻地开始第一个音，慢慢地拖长着第二个音，短促地结束了第三个音，而且有着高低抑扬，似乎在向它们的妈妈诉说什么。

新雨之后，苍翠如濯的山岗，云气弥漫，仿佛罩着轻纱的少妇，显得那么忧郁、沉默；潮声澎湃犹如万马奔腾，遥望波涛汹涌，好像是无数条白龙起伏追逐于海面群峰之间。

我更爱在天边残留着一抹桃色的晚霞，暮霭已经笼罩大地的时候，等着鸭宝宝的归来，差不多像时钟一般准确——当上学的和办公的都陆续回到家里之后，你可以看见小溪的那一头，远远地有一个白点出现了，这就是我们惟一的"披着白斗篷的队长"，领着它的队伍正向归途行进；渐渐地越游越近，一批穿着背上印满黑斑的浅褐制服的小兵，跟着它们的"队长"，开始登陆，然后一个个吃力地拨动着两片利于水却又不利于陆的脚掌，摇晃着颠顶臃肿的身子，傻头傻脑急急忙忙穿过阡陌，有时一不小心滑落到田里，立刻勇敢地又爬了起来继续往前赶，惟恐会落伍似地；好容易绕道迂回跑上了草坪，看见有人站在门边，一个个就又鬼鬼祟祟偏过头去，商量不定。直到你离开了所站的地方，走得远远地，它们这才认为威胁已经解除，可以安全通过，然后一窝蜂地涌进了大门。

柔和似絮、轻匀如绡的浮云，簇拥着盈盈皓月从海面冉冉上升，清辉把周围映成一轮彩色的光晕，由深而浅，若有还无，不像晚霞那样俗艳，因而更显得素雅；没有夕照那么灿烂，只给你一点淡淡地喜悦，和一点淡淡地哀愁。

海水中央，波多激滟，跟着月亮的越升越高，渐渐地转暗，终至于静悄悄地整个隐入夜空，只仗着几处闪烁的渔火，依稀能够辨别它的存在。

你可曾看见过月亮从乌云里露出半个脸儿的情景？我仿佛在黄昏的花园里看见过一朵掩藏在叶底的娇媚的白玫瑰，然而不及月的皎洁；又仿佛在古书里看见过一个用团扇遮面含羞的少女，可是不及月的潇洒；那么超然地、悠然地、在银河里凌波微步。

　　海风吹拂着，溪流呜咽着，飞萤点点，轻烟缥缈，远山近树，都在幽幽的虫声里朦胧睡去，等待着另一个黎明的到来。

　　天空黑沉沉地压了下来，仿佛画家泼翻了墨汁在宣纸上。骤雨夹着震撼宇宙的雷声以俱来的日子，从令人心悸的闪电里，隔窗可以窥见海水像死去了。一切都在造化的盛怒之下屏住气息。然后我知道，这些都要过去的，代替而至的将是一片美丽而清新的画图。

　　人们都太忙了，从忙着吃奶、长牙，到忙着学走路、学说话、学念书……以至于忙着魂牵梦萦地恋爱，气急败坏地赚钱，因此忘了他们的周遭，还有这么一个可爱的世界，而我，却从一般人以为枯燥贫乏的乡居生活里，认识了它们。

（钟梅音）

第三辑　成功的法则

　　幸福生活最重要的法则之一就是做你喜欢做的事情。看看这个世界上那些最快乐、最成功的人士：几乎无一例外他们都在做着自己喜爱的事情，创作一些自己笃信的东西，生活中目标坚定与充满激情。

逼你成功

　　一个人不被逼，不被环境逼、理想逼，怎么可能冲得久，又怎么可能成功？

　　我有个事业非常得意的朋友，他40多岁，没结婚，每天跑进跑出，比谁都忙。

　　有一天我问他："你都在忙什么啊，又是为谁忙啊？"

　　他先愣了一下，接着笑笑，说："我也不知道为谁忙，只觉得背着一个好大好大的包袱，每天拼命往前冲。"

　　"那包袱里装的是什么啊？"我开玩笑地问，"你有没有自己打开来看看？"

　　"我看了，我看了，"他说，"里头全是我公司职员家里的老老少少，要吃要喝，为了他们，我想不干都不成，我是被逼得往前冲。"

　　"你怎么不说是你自己的野心和理想，使你往前冲呢？"我不以为然地说。

　　"没错啊，我自己的野心和理想当然逼我冲。想想，"我就是一个会逼学生的老师。

　　学生找我学画的时候，我会建议他们买最好的工具，因为我发现当他花了一大笔令他心疼的钱之后，他们就不会轻易放弃。

　　然后，他们愈画愈好了，得到我的夸奖，盼下次还能受赞美，于是加倍努力。除了我逼，他们也自己逼自己，一步步走向成功。

　　我班上许多在美展入选和得奖的学生，都是这样在"内外交逼"的情况下成功的。

　　从另一个角度看，逼学生的老师，何尝没有逼自己？为了让学生每个礼拜都能见到老师的新作品，为了以身作则，我也不得不画，而有了更多的成绩。"教学相长"不也是"教学相逼"吗？

写文章也是如此。不信，你去问问，哪个成功的作家没有被逼？他被两种人逼，被报社、出版社的人逼，也被他自己逼。读者逼主编，主编逼作家，作家逼自己，逼得想睡也不能睡，不想写也得写。多少惊人的作品就这样诞生了。如果你问金庸："你这些武侠巨著是怎么写成的啊？"

他很可能答："报社连载逼出来的。"

你再问："如果没有报社逼，你写得出来吗？"他很可能答："写得出，但写不了这么多。"

你或许要想，一个人没有灵魂，逼也没用。这么说，你就又错了。

你看过传统诗社的"击鼓催诗"吗？一群诗人聚会，有人出题：几言诗，什么韵，咏什么题材。

题目才喊出来，就开始击鼓，起初慢慢地一声一声击，愈击愈快，心愈急，愈写不出，鼓声愈连成一气。只见一个个平常潇洒风流的诗人，急得抓耳挠腮、满脸通红，一个月也写不出来，鼓声中居然写出了，这不是逼的吗？好，或许你没见过击鼓催诗，但你总读过王羲之的《兰亭集序》吧。一群文人在兰亭"流觞曲水"，那是一条弯弯的水流，大家沿着水边坐下，从上游送下一盏盏盛着酒的小杯子，流到谁前面，谁就得饮酒作诗。你说，那不也是一种逼吗？《兰亭集序》就是在这种"逼"之下诞生的。

想想，《兰亭集序》是多么有名的文学作品，那书法作品又被后代多么推崇。

再想想，王勃的《滕王阁序》是怎么写成的？

当时骚客群集，各逞文才，王勃写一句，仆人通报给主人一句。换是你，你紧张不紧张？

问题是，《滕王阁序》成为中国文学史上的不朽之作。

王勃那天若是不去，去了若是没有人逼他写，你今天能知道谁是王勃吗？

让我作一个"文字新解"吧——"逼"，是长了脚的"一口田"。

"一口田"旁边有神的保佑，是"福"。

"一口田"上面加个屋顶，表示有房有田，是"富"。

上班的人，星期一早上不想去，还得去，因为生活逼。

念书的学生，每天放学不想做功课，还得做，因为师长逼。一个在家从来不入厨房的人，留学在外，居然烧得一手好菜，因为环境逼。

一个登山者，跳过一条他平时绝不敢跳的深沟，因为有只野兽逼。

所幸世界上有"逼"这件事，我们才能超越自己，完成超出自己能力的事。于是，你该了解《孟子》那段话的道理了——

"故天将降大任于斯人也，必先苦其心志，劳其筋骨，饿其体肤，空乏其身，行拂乱其所为，所以动心忍性，增益其所不能。"这段话说的不是只有4个字吗？逼你成功。

（刘墉）

可持续的快乐

他即使在艰难困苦之中，仍拥有人类最高级的快乐。

如果一个年轻女性来问我，青春不能错过什么，要我举出十件必须做的事，我大约会这样列举：

一、至少恋爱一次，最多两次。一次也没有，未免辜负了青春。但真爱不易，超过两次，就有赝品之嫌。

二、交若干好朋友，可以是闺中密友，也可以是异性知音。

三、学会烹调，能烧几样好菜。重要的不是手艺本身，而是从中体会日常生活的情趣。

四、每年小旅行一次，隔几年大旅行一次，增长见识，拓宽胸怀。

五、锻炼身体，最好有一种自己喜欢、能够持之以恒的体育项目。

六、争取接受良好的教育，精通一门专业知识或技能，掌握足以维持生存的看家本领。尽量按照自己的兴趣选择职业。如果做不到，就以敬业精神对待本职工作，同时在业余发展自己的兴趣。

七、养成高品位的读书爱好，读一批好书，找到属于自己的书中知己。

八、喜欢至少一种艺术，音乐、舞蹈、绘画都行，可以自己创作和参与，也可以只是欣赏。

九、养成写日记的习惯。它可以帮助你学会享受孤独，在孤独中与自己谈心。

十、经历一次较大的挫折而不被打败。只要不被打败，你就会变得比过去强大许多倍。不经历这么一回，你不会知道自己其实多么有力量。

开完这个单子，我再来说一说我的指导思想。

我的指导思想很简单，第一条是快乐。青春是人生中生命力最旺盛的时期，快乐是天经地义的。我最讨厌那种说教，什么"少壮不努力，老大徒伤悲"，什么"吃得苦中苦，方为人上人"，仿佛青春的全部价值就在于为将来的成功而苦苦奋斗。在所有的人生模式中，为了未来而牺牲现在是最坏的一种，它把幸福永远向后推延，实际上是取消了幸福。

人只有一个青春，要享受青春，也只能是在青春时期。有一些享受，过了青春期诚然还可以有，但滋味是不一样的。譬如说，人到中老年仍然可以恋爱，但终归减少了新鲜感和激情。同样是旅行，以青春期的好奇、敏感和精力充沛，也能取得中老年不易有的收获。

依我看，"少壮不享乐，老大徒懊丧"至少也是成立的。倘若一个人在年轻时只知吃苦，拒绝享受，到年老力衰时即使成了人上人，却丧失了享受的能力，那又有什么意思呢。尤其是女性，我衷心希望她们有一个快乐的青春，否则这个世界也不会快乐。

但是，快乐不应该是单一的，短暂的，完全依赖外部条件的，而应该是丰富的，持久的，能够靠自己创造的，否则结果仍是不快乐。所以，我的第二条指导思想是可持续的快乐。这是套用可持续的发展一语，用在这里正合适。

青春终究会消逝，如果只是及时行乐，毫不为今后考虑，倒真会"老大徒伤悲"了。为今后考虑，一方面是实际的考虑，例如要有真本事，要有健康的身体，等等。另一方面，更重要的是，要使快乐本身具有生长的能力，

能够生成新的更多的快乐。我所列举的多数事情都属于此类，它们实际上是一些精神性质的快乐。

青春是心智最活泼的时期，也是心智趋于定型的时期。在这个时期，一个人倘若能够通过读书、思考、艺术、写作等等充分领略心灵的快乐，形成一个丰富的内心世界，他就拥有了一个永不枯竭的快乐源泉。这个源泉将泽被整个人生，他即使在艰难困苦之中，仍拥有人类最高级的快乐。在我看来，这是一个人可能在青春期获得的最重大成就了。

（佚名）

这就叫公德

好的招致好的，坏的传染坏的，善的感染善的，恶的刺激恶的，世上万事皆同此理。

在汉堡定居的一个中国人，对我讲了他的一次亲身感受——

他刚到汉堡时，跟几个德国青年驾车到郊外游玩。他在车里吃香蕉，看车窗外没人，就顺手把香蕉皮扔了出去。驾车的德国青年马上"吱"地来个急刹车，下去拾起香蕉皮塞到一个废纸兜里，放进车中，对他说："这样别人会滑倒的。"

在欧洲国家的快餐店里，有个不成文的规矩，吃完东西要把用过的纸盘纸杯吸管扔进店内设置的大塑料箱内，以保持环境的整洁；为的是使别人舒适，不妨碍影响别人，这叫公德。在美国碰到过两件小事，我印象非常深。

一次是在华盛顿艺术博物馆前的开阔地上，一个穿大衣的男人猫腰在地上拾废纸：当风吹起一张废纸时，他就像捉蝴蝶一样跟着跑，抓住后放在垃圾筒内，直到把地上的乱纸拾净，拍拍手上的土，走了。这人是谁？不知道。

另一次在芝加哥的音乐厅，休息室的一角是可以抽烟的，摆着几个脸盆大小的落地式烟缸，里面全是银色的细砂，为了不叫里边的烟灰显出来难看但大烟缸里没有一个烟蒂——柔和的银砂很柔美，我用手一拂，几个烟蒂被指尖勾起来，原来人们都把烟蒂埋在下面，为了怕看上去杂乱。值得深思的是，没有一个人不这样做。

有人说，美国人的文化很浅，但教育很好。我十分赞同这见解。教育好，可以使文化浅的国家的人很文明；教育不好，却能使文化古老国家的人文明程度很低，素质很差。教育中的"德"，一个重要成分是公德。公德的根本是重视他人的存在。

美好的环境培养着人们的公德，比如清洁的新加坡，有随地吐痰恶习的人也不会张口把一口粘痰吐在光洁如洗的地面上。相反，混乱肮脏的环境败坏人们的公德，比如纽约地铁的墙壁和车厢内外到处胡涂乱抹，污秽不堪，人们的烟头乱纸也就随手抛了。

好的招致好的，坏的传染坏的，善的感染善的，恶的刺激恶的，世上万事皆同此理。

（佚名）

假如我有第二次生命

做"有准备的头脑"，厚积薄发，其生命力才会长久。

"一分耕耘一分收获"。任何成就的取得都没有捷径可走，必须下苦功夫才行。养成勤奋钻研、锲而不舍的精神，是在任何领域要想取得真正突出的成就都必须具备的精神。

假如我有第二次生命，我一定……

人无完人，我把自己的缺点、失误总结出来，以自己之"蜇"，长年轻人之"智"，已成为我长久以来的心愿。

我愿意总结自己一生的得失，特别是不足之处，写一本小册子给青年朋友们，名字叫《假如我有第二次生命》。

我在大学三年级前一直不是个好学生。贪玩、不刻苦，一切都从自己的兴趣爱好出发。这其中有学习方法问题，不愿意"死读书"，但过分强调这一点，走极端，就变成不刻苦学习、不勤奋，总想小聪明、走捷径。而且由于顽童心理，有时自己懒惰、不努力，也用"不愿意死读书"来当借口。

在读协和前自不必说了，凡是喜欢的课程是可以学好的，不喜欢的课程就得过且过，六十分大吉。学习没有明确的目标，缺乏学习的积极主动性。进了协和，在极其繁重的课业负担下，居然还是照旧。这固然有课程设置、老师讲课是否得法等诸多客观原因，可自己主观上不努力是一个无法回避的重要事实。

那时常常觉得学习很没意思，再加上大一的课程都是死记硬背，念起书来味同嚼蜡，有时自己不愿学，还去和别的用功读书的同学瞎搅和，搞恶作剧。

当时同寝室有一个同学，一到考试就把铺盖卷起，拆掉床，不睡觉。我当时对他不以为然，认为他是个典型的书呆子。一次考试的前一天晚上他还在寝室里看书，我去问他："你念得怎么样？""哎呀，不行不行。"

"我来考考你，维他命 A 结构式是什么？"其实谁都知道维他命 A 的结构式是不需要考的。"这还要背呀？"

"你拿纸来。"我把结构式分毫不差地写下来。这是我刚背完而来捉弄人的。

这位同学大吃一惊，果然在临考的前一天晚上猛背各式各样的结构式。

我在心中甚是得意，觉得这种死读书的人真没用，捉弄你都不知道。

可以说当时一方面也感到学业的压力得重，另一方面并没有因此而刻苦努力，一切以考试过关大吉，学业对我来说只是"食之无味、弃之可惜"罢了。

回忆起自己青少年时代的学习经历，我十分后悔，因为那时不愿意下功夫去学的是很多死记硬背的东西，可这些课程也都是后来做一个好医生必须打下的基础。"书到用时方恨少"，等到醒过来已经晚了，不得不花几倍的时间和精力去补回来，而有的已经很难补救了，吃了没有好好读书的苦头。

所以我很想告诫青年朋友，"学习、思考、实践"三者都是十分重要的，应该尽早结合，不可偏废。这就是所谓的"学而不思则罔，思而不学则殆"。如果"死读书"而不重视实践和思考，是不对的，但并不是说就可以不努力学习。"一分耕耘一分收获"，任何成就的取得都没有捷径可走，必须下苦功夫才行。

这是我对自己的第一点反思，也是最急于要告诉年轻人的。特别是在现代社会，国家经济发展急需要大量实用型的人才，但"急需"、"实用"并不等于人人都去速成、取巧。只有扎扎实实打好基础，做"有准备的头脑"，厚积薄发，其生命力才会长久。

反思自己的人生，我还认为，童年时代不努力造成的知识上的欠缺还只是一部分的遗憾，更重要的是没有从小养成勤奋钻研、锲而不舍的精神。这种精神不仅作为一名科学家必备，而是在任何领域要想取是真正突出的成就都必须具备这样的精神。

在大家眼里，我在医学上已经取得了令人瞩目的成绩，是一名当之无愧的医学科学院士。我自己也认为，在1950—1960年这十年里是取得了可喜成绩的。那时自己也的确十分勤奋。但这并不代表一生中都在坚持不懈的努力。自己在科学研究中锲而不舍的精神还远远不够，自省有偷懒、靠小聪明过关甚至是一知半解的地方。

（佚名）

吃必要的苦耐必要的劳

吃必要的苦，耐必要的劳！

一般人都怕吃苦，其实苦与不苦，是在比较之下才会产生的感受。就好像好吃与不好吃，是在吃过之后才能加以定论，如果一向都是吃好的，在没有比较之下，就不觉得好；同样的，如果一向都是吃不好的，久而久之，也不觉得有什么不好。懂得了这层道理后，就不会觉得吃苦是一件可怕的事了。

我出生在新店直潭。由于身为长子，格外担待了许多粗重的家务，挑水就是其中一项辛苦的差使。每天一大早起床，赤着脚、扛着扁担，担着两头晃荡不已的水桶，一步步爬上屋后两百多步高的小山坡，再走到山下汲水，尔后循原路挑水回家。这样往返约五六趟，连挑了十数桶水，才算完成挑水的任务。然后再帮忙其他家务，工作都做完了，便匆匆赶六里山路上学去。

由于从小生活环境即是如此，在心理上认为这些苦役都是份内之事，并不以为苦，仿佛困苦一旦成了习惯，反能安之若素。

小学毕业后，我离乡背井，到嘉义一家米店当学徒。一年后，家父肯定我有独立创业的潜能，便告贷了两百元，供我开米店，

卖米的时候，我用心盘算每家客户的消耗量，如果一家十口人，每个月约需二十公斤米，五口之家就是十公斤，我按照这个数字设定标准，如果十口的人家一次买了二十公斤米，我就等约摸一个月后，估计他们差不多缺米了，便主动地将米送到顾客府上。我这样"服务到家"的计划，一方面确保顾客家中不致断米，一方面带给顾客莫大的惊喜。顾客欣赏我的设想周到，绝不会转向别家米店买米。

米卖出去以后，接着就是收款的问题。对于大多数吃工薪的人而言，则非发薪之日莫属：于是我牢记每个在不同机构服务的顾客，是每月的哪一天领薪，我再去收米钱，十之八九都非常顺利。

　　然而，单只经营米店，并不能让我满足。第二年，我增添了碾米设备。当时，隔壁也有一家日本人经营的碾米厂。他下午五点就停工休息，我则忙着仔细挑去掺在米中的小石，一直工作到晚上十点半；他洗热水澡，我在屋外的水龙头旁冲冷水澡，冬天也不例外。如此我每天可省下三分钱，相当贩卖三斗米的利润。如此吃苦耐劳，我终于克服条件上的差异，业绩远胜过隔壁的日本人。

　　此种用心经营的粗浅经验逐渐累积，后来在台塑的营业管理制度都用上了。成功虽然也需要风云际会，更重要的是，机会来临时，本身早已做好准备。能够成就事业的人，并不见得特别聪颖、能干，只是比别人多了一分决心，即知即行。

　　年轻人何必怕吃苦？任何成就莫不由辛苦奋斗而来。

　　没吃过苦，就会怕吃苦，不但难以养成积极进取的精神，反而会采取逃避的态度，久而久之，变得好逸恶劳，人生也很难获得成就。对我而言，挫折等于是提醒我，某些地方疏失犯错了，必须运用理性，冷静分析，以作为下次处事的参考与借鉴。能以正确的态度面对人生所不能忍的挫折，并从中获益，挫折的杀伤力就等于锐减太半。

　　因此，成功的秘诀无他，就是——吃必要的苦，耐必要的劳！

（佚名）

电梯工布鲁斯

"'感谢您，上帝，终于到了星期一。'因为我又可以开始工作了。"

一位每天乘火车上下班的朋友告诉我，在纽约曼哈顿第 181 街的中转站，有一部电梯将人们从这里送到 12 层楼下的地铁站，开电梯的工人布鲁斯·里弗若值得一写，"这一段路程在布鲁斯的手下变得让人向往和怀念。"他补充说。

于是在一个星期二的下午，我决定亲自前去看个究竟。被拥挤的人流推动着缓缓向电梯站移动时，我打量着粘着口香糖的地面，老旧的、被人们涂鸦弄脏了的墙壁。"这不是一个让人心旷神怡的工作场所。"我想。

电梯的门慢慢打开了，人们蜂拥而入，我也被人流带了进去。

我眨了眨眼，简直不相信自己的眼睛。

映入眼帘的，首先是贴在墙上的照片和画、数十张快照……黑人的、白人的、亚洲人的等等，另外，还有仔细从杂志上剪下来的漂亮的黑白混血爵士音乐家的照片、风景照等等。

再就是花瓶里的鲜花，角落里悬挂的盆栽植物，从 CD 机里放出的音乐——舒缓的、柔和的曲调回荡在空气中。最令我惊讶的是，人们对那位高大的坐在操作板前穿着大都会交通公司制服的电梯工的态度，他们都热情地向他打着招呼："嗨，布鲁斯，周末过得好吗？""你那个孙子怎么样了？"

我注意到一个乘客把两罐西红柿酱放在了角落边的箱子里。门关上了，我瞥了一眼箱子，发现里面堆满了罐头食品，贴在箱子上的一张纸条上写着："请帮助我们资助穷人。"旁边的一位女士告诉我说："布鲁斯每个月都为穷人募集上千磅的食品，我们都愿意帮助他。"

电梯向楼下驶去，整个行程不到一分钟，但是这点时间也足够让布鲁斯祝愿他的乘客度过值得骄傲的一天。门开了，人们鱼贯而出，奔向地铁站。这个电梯给我留下了深刻的印象，我决定采访布鲁斯。

"那些墙上的照片都是谁？"当电梯再次上满乘客向上驶去的时候，我问布鲁斯。"我的乘客。"他为他们拍下快照，每月定期换上新的。他指着另一部分照片说，"那是我的家人，我的儿子、孙子。"

我邀请布鲁斯在工间休息时到街上的咖啡店小坐一会儿，他同意了。等待他的时候，我注意到来这里乘电梯的人不仅和布鲁斯很熟，而且他们之间还互相打着招呼。在和布鲁斯一起到两个街区外的咖啡店的路上，我注意到有 14 个行人和他打过招呼。

布鲁斯告诉我，他家住在皇后区，每天要乘一个半小时的车到曼哈顿来上班。

布鲁斯从 1982 年开始在大都会交通公司工作，当时他是一位清洁工人。"我很喜欢那份工作，当一天结束后，我可以看见由于我的劳动，为大家创造出了一个和先前完全不同的环境。"但是，1985 年的一次中风，使他不得不离开心爱的工作。"我病好之后，公司把我调来开电梯，这样，我可以不必举重物了。"

"问题是那时我自己感到厌倦，这样上上下下，被固定在日常生活轨道里。他们几乎不互相看看，更不用说微笑了。"布鲁斯说，"我不知道一个普通的电梯工人究竟能做什么，才能使这份工作在我的手上有所不同。"

一天下午，他讲了一个笑话，一位女士微笑了。也许这些人心里都有幽默的火花，只是需要激发罢了。布鲁斯想。

第二天，他在电梯里贴了一幅画，是一些排列在碗柜里的盘子。他喜欢它们的排列样式。

"画的什么？"一位乘客问道。

"一些盘子而已。"

"还真好看。"

当布鲁斯把他家人的照片贴上去后，乘客们便问起他们来。他又从家里带来鲜花和植物。后来，是他的 CD 机里放出的音乐，使人们开始了相互间的交谈。"那是路易斯？艾姆斯通唱的，不是吗？""嘿，我小的时候常听到那首歌。""来一点儿都克？爱林顿唱的歌怎么样？"

很快，布鲁斯的电梯间成了城里最新的爵士乐俱乐部。

布鲁斯逐渐发现，他起初想着为别人做的事，倒使他自己也发生了变化。他又开始热爱起自己的工作来，并从中获得了乐趣。

直到有一天，当他来上班时，发现电梯间被打扫一空。墙上没有了照片；角落里没有了募捐箱。另一位电梯工告诉布鲁斯，公司总裁正在地铁站的站台上做关于改进服务质量的讲演。"工头不想让老板看见你电梯间里的那些东西。他们说那样做不规范。"

布鲁斯带着一颗沉重的心开始了工作。乘客们从地铁站出来，一进入他的电梯间便七嘴八舌地议论开了。"发生什么事了？""那些东西呢？"

布鲁斯把总裁来这里的事给大伙儿说了，人们点点头，他们也都看见站台上有一大帮记者正围着一个人，听说他就是该公司的大老板。

电梯到了街上一层时，大多数人留了下来，其中一个代表大家说："布鲁斯，把我们再送下去吧。"

30 秒钟以后，人们从电梯里出来，径直走到了公司总裁的身边。他们告诉总裁，乘坐布鲁斯的电梯是他们来往路上最愉快的一站，他们不想这里有任何改变。

那天，在布鲁斯快下班的时候，每一张照片、每一盆植物、每一样东西都原封不动地回到了电梯间。布鲁斯的电梯间再次成了他和他的乘客的乐园。

布鲁斯喝干了杯中的啤酒，瞥了一眼手表，"我得回去工作了。"我们一起向电梯站走去。

"有些人说：'感谢上帝，终于到了星期五。'因为他们迫切地盼着周末。"布鲁斯一边走一边说，"我吗？我说：'感谢您，上帝，终于到了星期一。'因为我又可以开始工作了。"

（陈明）

珠穆朗玛墓地

你给怯懦的灵魂留下的是无法平复的惊悸，你对无畏的勇者却又有永恒的诱惑。

登山是这样一种运动：你上山的时候，就不知道还能不能回来。在这个行当里，惨败者永远比成功的人多。

——一位国家登山队队员的话

一切都沉进远古洪荒的宁静里，连来路上的淙淙水声，也在这儿悄然凝冻。绒布冰川伸出幽蓝的冰舌，透出喜马拉雅雪山的阵阵寒意。冰川风逞威的前方，伟岸的珠峰肃然矗立，遮没了半壁南天。

这里是海拔5100米的珠穆朗玛登山营地，春天的登山季节过去了，昙花一现般布满石滩的尼龙帐篷，已经杳无踪影，只留下堆堆锈蚀的罐头盒。空旷的营地，巨大的漂砾，皑皑白雪，一片死气沉沉的荒凉。都市生活的繁华与喧嚣，已远远留在世界的另一边，眼前的雪野上，再也难见人的足迹了。

一股凉透骨髓的孤独感漫过周身。我意识到，现在算是站在了人间真正的边缘。

就是在这时，我看到了这片冷寂的墓地。

从没听谁说过这块墓地，在这世界最高的地方。它极不显眼，距登山营地仅咫尺之遥，不到近前也难看出来，粗粝的冰碛石垒堆成一排排坟茔，风

雪剥落的黑色片岩权当墓碑，上面落满白色的野鸽粪。帐篷钉凿刻的简短碑文，都是各国登山遇难的名字。时间跨度已近半个世纪。

1975 年邬宗岳之碑

1982 年日本登山队宗部明之碑

TOTONY

DIED3APRIL1984

ONMT？QOMOLANGMA

FRIENDANDMOUNTAINEER

（给托尼 1984 年 4 月 3 日死于珠穆朗玛山上朋友和登山队员）

原来这只是一座座象征性的空墓，在可怕的滑坠和骇人的雪崩中，遇难者已经永远留在了那大山的雪谷冰渊里，连遗体也不会再找回来了。一座座石冢里，只是埋藏着一个个失败者的故事。

还有比这更悲凉的故事吗？登上顶峰的同伴队友成了举世瞩目的英雄，他们却默默地卧在冰雪里，被人遗忘了。他们进山就再没回来，没能见到亲人捧上的鲜花，冒着泡沫的香槟，只有这死的永亘沉静，上帝竟如此不公平！靠着电视荧屏和报刊版面才对登山运动略知一二的人们，有谁知道珠峰脚下，还有这么一片孤零零的坟茔？

我站起身来，又瞥见那座高踞天际的金字塔型雪峰，突然感到一阵奇异的、令人亢奋的摇撼——我看到的是一场夕阳西下时分大自然的盛典：

斜辉瀑布似的光扇正缓缓抬升，在银光闪烁的珠穆朗玛主峰上齐崭崭地分割着夜与昼。苍茫大地沉没进暮霭的阴影中，惟有珠峰之巅，在晚祷般仰首的群山之上，幻成一个亮晶晶的梦，仿佛宇宙把它全部光华，在这一瞬间都倾泻在地球最高的锥体上，那条令多少登山者梦魂牵绕的旗云，飘飘袅袅地从峰顶向东伸展开，云雾缭绕之中，耸峙的雪山愈发显得神秘而高不可及。

回身看去，墓地却在夜色中黯淡了，连碑文都模糊不清，与峰顶的辉煌恰成映照，有如一幅高调照片那样反差强烈，令人震惊。

面对这慑人心魄、魅力无穷的顶峰，这进山途中路标般竖立着的惨败者的墓碑，我似乎突然懂得了什么是喜马拉雅登山运动。我为自己最初的怜悯之情深感羞惭。

他们是失败者，前来攀登这座人间最高峰的人也大都失败了。自从1921年英国探险队试图征服珠峰以来，各国登山者就饱尝了失败的无数次折磨，更有近百人在这条登山路上走到了生命的尽头。但是，他们毕竟向珠峰，也向自己的生理和心理的极限发起过挑战，背负行囊，脚踏钉齿，走进了风雪弥漫的喜马拉雅山，没有因惧怕失败而有踟蹰不前，宁愿历险也不甘庸闲。他们个人虽身遭不测，可人类不是终究征服了珠峰？

攀越就要冒险，冒险难免挫败。但这种一代接一代不懈追求的勇气和精神，却远比一次短暂的胜利更为永恒。

人类与自然相搏的千年史，就凝聚在这片空墓的碑文间。噢，珠穆朗玛，你这人类居住的星球上的第一峰。你高峻得出奇，又严峻到极点。你给怯懦的灵魂留下的是无法平复的惊悸，你对无畏的勇者却又有永恒的诱惑。只有真正的男子汉，才配与你这样的雪山为伍！

怪不得登山者出发的营地，就紧傍着遇险者长眠的墓地：空冢，埋葬的只是最后的孱弱；勇敢，才是勇敢者的墓志铭。

冷冰冰的泪滚过我的面颊。我不解，为什么摄影者拍摄的珠峰镜头，总要省略掉这片空墓？

强抑内心的冲动，我把一排墓碑和背景中的雪山装进取景框，轻轻揿下了快门。

（佚名）

迪斯尼的作品被撕碎之后

与所有人的想象不相吻合的天赋想象力，以及百折不挠一定要成功的决心，最后他成了好莱坞最优秀的创业者和全世界最成功的漫画大师……"

迪斯尼在上学的时候，就对绘画和描写冒险生涯的小说特别地入迷，并很快就读完了马克·吐温的《汤姆·索亚历险记》等探险小说。一次，老师布置了绘画作业，小迪斯尼就充分地发挥自己的想象力，把一盆的花朵都画成了人脸，把叶子画成人手，并且每朵花都以各自表情来表现着自己的个性。按说这对孩子来说应该是一件非常值得肯定的事，然而，无知的老师根本就不理解孩子心灵中的那个美妙的世界，竟然认为小迪斯尼这是胡闹，说："花儿就是花儿，怎么会有人形？不会画画，就不要乱画！"并当众把他的作品撕得粉碎。小迪斯尼辩解说："在我的心里，这些花儿确实是有生命的啊，有时我能听到风中的花朵在向我问好。"老师感到非常地气愤，就把小迪斯尼拎到讲台上狠狠地毒打一顿，并告诫他说："以后再乱画，比这打得还要狠。"

值得庆幸的是，老师的这顿毒打并没有改变他"乱画的毛病"，他一直都在努力地追求着成为一个漫画家的梦想。

第一次世界大战美国参战后，迪斯尼不顾父母的反对，报名当了一名志愿兵，在军中做了一名汽车驾驶员，闲暇的时候，他就创作一些漫画作品寄给国内的一些幽默杂志，他的作品竟然无一例外地都被退了回来，理由就是作品太平庸，作者缺乏才气和灵性。

战争结束后，迪斯尼拒绝了父亲要他到自己有些股份的冷冻厂工作的要求，他要去实现他童年时就立誓实现的画家梦。他来到了堪萨斯市，他拿着自己的作品四处求职，经过一次又一次的碰壁之后，终于在一家广告公司找到了一份工作。然而，他只干了一个月就被辞退了，理由仍是非常缺乏绘画能力。

1923年10月，迪斯尼终于和哥哥罗伊，在好莱坞一家房地产公司后院的一个废弃的仓库里，正式成立了属于自己的迪斯尼兄弟公司，不久，公司就更名为"沃尔特·迪斯尼公司"。虽然历尽了坎坷，但他创造的米老鼠和唐老鸭几年后便享誉全世界，并为他获得了27项奥斯卡金像奖，使他成为世界上获得该奖最多的人。他死后，《纽约时报》刊登的讣告这样写道："沃尔特·迪斯尼开始时几乎一无所有，仅有的就是一点绘画才能，与所有人的想象不相吻合的天赋想象力，以及百折不挠一定要成功的决心，最后他成了好莱坞最优秀的创业者和全世界最成功的漫画大师……"

岁月是公正的，正是绘画的能力、天赋的想象力和百折不挠的意志，支撑起了他生命的辉煌。然而，那想象力却被认为是胡闹而招来了毒打，绘画的能力竟一再被人们否认，幸运的是沃尔特·迪斯尼并没有因他人的评价而否定自己，而是沿着自己的梦想之路坚定地走了下去……

（佚名）

林肯"学习"失败

失败不可怕，重要的是不放弃努力

办事之前你也许会这样想："如果我被拒绝，该怎么办？"只朝好的方面想，一旦遭人拒绝，就会唉声叹气或大骂对方混蛋。这种赢得输不得的人必须好好学习下面这位先生锲而不舍的心理功夫。

1832年，美国有一个人和大家一道失业了。他很伤心，但他下决心改行从政，当个政治家，当个州议员。糟糕的是，他竞选失败了。一年遭受两次打击，这对他来说痛苦是接踵而至了。他着手开办自己的企业，可是，不到一年，这家企业倒闭了。此后几年里，他不得不为偿还债务而到处奔波，历尽磨难。

他再次参加竞选州议员，这一次他当选了，他内心升起一丝希望，认定生活有了转机："可能我可以成功了！"第二年，即1851年，他与一位美丽的姑娘订婚。没料到，离结婚的日期还有几个月的时候，未婚妻却不幸去世了。这对他的精神打击太大了，他心力交瘁，数月卧床不起，因此患上了神经衰弱症。

1852年，他觉得身体康复过来，于是决定竞选美国国会议员，却仍然名落孙山。

但他没有放弃尝试，他没有自问"失败了怎么办"。1856年，他再度竞选国会议员，他认为自己争取作为国会议员的表现是出色的，相信选民会选举他。可是，出乎意料，他落选了。

为了挣回竞选中花销的一大笔钱，他向州政府申请担任本州的土地官员。州政府退回了他的申请报告，上面的批文是："本州的土地官员要求具有卓越的才能，超常的智慧，你的申晴未能满足这些要求。"

接连两次失败并未使他服输。过了两年，他再次竞选美国参议员，还是未能如愿。

在他一生经历的十一次较大事件中，只成功了两次，然后又是一连串的碰壁，可是他始终没有停止自己的追求，他一直在做自己生活的主宰。1860年，他当选为美国总统。

他，就是后来在美国历史上解放黑奴、结束南北战争，创建丰功伟绩的阿伯拉罕？

（林肯）

推开成功之门

很多成功的门都是虚掩着的

公司招进了一批新员工。总经理叮嘱员工们说："谁也不得走进六楼那间没挂门牌的房间。"大家牢牢记住了总经理的叮嘱，谁也不敢进那间没挂门牌的房间。

"为什么？"只有一个年轻人在下面小声嘀咕了一句。"不为什么，"总经理一脸严肃地说，"不能进就是不能进。"

那个年轻人还在不解地思考着总经理的话，其他人都劝他只管干好他自己的工作，别的不用瞎操心。听总经理的，没错！可年轻人偏偏来了犟脾气，非要走进那个房间看看。他走上了六楼，轻轻敲门，没有响应，用手轻轻一推，门开了——原来门是虚掩的。他打量了一下房间，不大的房间里只放了一张桌子，桌子上压着一张纸条。走近一看，上面还写着一行醒目的粗体字："务请把纸条送给总经理！"

年轻人十分困惑地拿起那张已落了一层灰尘的纸条，走出了门。许多同事都为他担心，劝他赶紧把纸条放回原处，大伙一再表示愿为他保密。可年轻人却谢绝了众人的好意，他决心把纸条拿给总经理。当他将那纸条送到总经理手上时，总经理微笑着立即宣布了一项让整个公司都震惊的消息——年轻人被任命为营销部经理。

不被条条框框束缚、勇于闯入"禁区"、敢做敢当、行事果断负责，这些正是一个富有开拓精神的成功者首先必须具备的。

这是一个起初的故事。故事中的年轻人就是已经卸任的德国戴斯勒热能工业总公司总裁麦克尔雷勒。在此后几十年的经营中，每每公司营运中出现了困难，麦克尔雷勒都会用自身的这个例子去教导员工，鼓励员工勇于开拓、创新。

其实，对我们每一个人而言，很多成功的门都是虚掩着的，你只要不被眼前的森严吓倒，勇敢地走进去，也许，呈现在你面前的将会是一个开阔的新天地。

微笑的价值

当每一次奉献出微笑的时候，你就在为人类幸福的总量增加了一分，而这微笑的光芒也会回照到你的脸上，给你带来方便、快乐和美好的回忆，

小梅一家住了十几年的平房，今天终于要搬到高楼里住了。"去看看新家"，尽管那是座旧楼，小梅仍然掩饰不住心中的美意。

一脚踏进闷热的电梯间，小梅的高兴劲儿减少了一半：一张破旧的桌子将电梯间一分为二，桌子后的高椅子上坐着位四十多岁的冷面电梯员。看着那张冷脸，小梅另一半的高兴劲儿也消失无踪，顿时感到气温似乎在零下。"几层？"冷冷地。"九层。"小梅想缓和一下气氛，赶紧露出一个微笑，"阿姨，您的工作挺辛苦的，这么热的电梯间。""可不是吗？"电梯员冰冷的脸开始融化，"这么小的地儿，就这么个小电扇，一坐就是六小时……姑娘，九层已经到了。"电梯员竟然也微笑着提醒她。

小梅忽然发现自己的心情又好起来了，看来，一个微笑再加上一声问候就像一股暖流，瞬间就可以沟通人与人之间陌生的心灵。

后来乘电梯时，小梅和师傅聊得更多，更亲切了。一天，小梅同几个装修工带着木料来到电梯前，一比画，木料放不进去。"小梅，来，把我的桌子和椅子搬出去，你再把木料一斜，就能放进来了。"电梯阿姨看来很有经验，果然一切顺利。木料运送如此之快，邻居禁不住问小梅："你们是怎么把木料运上来的？""电梯呀！""啊？我们同样的木料，电梯员说，'这个太长了，电梯里放不下，你们走楼梯！'九层啊，我们一层层爬楼梯扛上来的！"

小梅心里知道这是怎么回事，一张冰冷的脸需要用微笑和温暖的问候来融化。

现在的社会，竞争愈来愈激烈，生活节奏越来越快，人们只顾着忙乎自己的事，已经很少关心别人了。这种情况下，人们的内心深处更需要他人的理解和关怀。此时，给他们一声问候和关心，满足了他们情感上的需求，他们就会用热情来回报你。

有此真经，小梅在单位见人就微笑，打招呼、问候，小梅的人缘也就越来越好，用一句时髦的话说是"人气急升"，而这一切都归功于微笑。

为什么小小的微笑在人际交往中有如此大的威力？原因就在于这微笑背后传达的信息："你很受欢迎，我喜欢你，你使我快乐，我很高兴见到你。"

一位诗人说："我最喜欢的一朵花是开在别人脸上的。"

微笑是盛开在人们脸上的花朵，是一个人能够献给渴望爱的人们的礼物。当你把这种礼物奉献给别人的时候，你就能赢得友谊，还可以赢得财富。

中国有句古话："人不会笑莫开店。"

外国人说得更直接："微笑亲近财富；没有微笑，财富将远离你。"

纽约大百货公司的一位人事经理曾这样说："我宁愿雇用一名有可爱笑容而没有念完中学的女孩，也不愿雇用一个摆着扑克面孔的哲学博士。"

世界著名的希尔顿大酒店的创始人希尔顿先生的成功，也得益于他母亲的"微笑"。母亲曾对他说："孩子，你要成功，必须找到一种方法，符合以下四个条件：第一，要简单；第二，要容易做；第三，要不花本钱；第四，能长期运用。"这究竟是什么方法？母亲笑而未答。希尔顿反复观察、思考，猛然想到了：是微笑，只有微笑才完全符合这四个条件。后来，他果然用微笑闯进了成功之门，将酒店开到了全世界的大城市。

难怪一位商人如此赞叹："微笑不用花钱，却永远价值连城。"

对我们每一个人来说，微笑轻而易举，却能照亮所有看到它的人，像穿过乌云的太阳，带给人们温暖。让我们微笑吧，微笑着面对生活，面对周围的人：每天早晨上班前对你的家人微笑，他们就会在幸福中盼着你的归来；

上班时向门卫微笑着点个头，他会友善地还你一个欣赏和尊敬的微笑；

每天遇到同事主动微笑，打个招呼，你也会人气急升；

开车并线时，摇下车窗，向侧后面司机点个头，微笑一下，还有人会不让你吗？

餐厅里吃饭时，服务小姐倒完茶后，微笑着对她说声："谢谢你，茶倒得真好。"尽管那是她应该做的工作，可是，她会觉得你的微笑和问候是额外的奖赏。

当每一次奉献出微笑的时候，你就在为人类幸福的总量增加了一分，而这微笑的光芒也会回照到你的脸上，给你带来方便、快乐和美好的回忆，何乐而不为呢？

（鞠远华）

意志的力量

> 你头脑中所固有的那些聪明才智就会最大限度地被激励和发挥出来，从而使你获得成功。

"有志者事竟成"告诉我们，如果你对你想要获得的东西有着极其强烈的欲望，那么，你头脑中所固有的那些聪明才智就会最大限度地被激励和发挥出来，从而使你获得成功。

如果你还是不能正确和充分地理解这句话的含义，那么请看看一个青年传教士是怎样在三十六小时之内得到他所需要的一百万美元的吧。

这个传教士的名字叫弗兰克？根绍鲁士。他是全美国最受爱戴的教育家。他是在芝加哥的牛场区开始他的传教事业的。

根绍鲁士在大学里念书时，便看出教育制度中有许多缺点。他相信，如果他是一校之长，他便能改正这些缺点。

他决心要成立一所新的大学，在这所大学里他要实现他的主张，而不受正统教育方法的约束。

为实现这个计划，他需要一百万美元！这样的巨款他到哪儿去找？这位有抱负的青年传教士的思想，大部分都放在这个问题上。然而，他筹款的事似乎毫无进展。

每天晚上，他怀着这一思想上床，每天早晨，他又怀着这一思想起床。无论他到哪里，这个思想总是和他形影不离。他心中想了又想，直到这个思想成为他魂牵梦萦的"意念"。

身为哲学家兼传教士的根绍鲁士，正如所有成功的人一样，深知一个人若能以炽烈的欲望做后盾，明确的目标才会产生出朝气、生命和力量。

这些真理他都知道，但是他不知从何处以及如何把这百万美元拿到手里。对于大多数人而言，自然的程序便是放弃或者拒绝这一念头，并对自己说："嗯，我的主意是好的，但是我毫无办法，因为我永远不能得到自己所需要的百万美元。"但根绍鲁士却不是这样。他说出了在这之后的经历：有一个星期六的下午，我坐在房间里思索着筹集这笔钱以实现我的计划的方法。我一直在想，想了快两年了，但是我除了想之外，并无任何行动！行动的时候到了！

就在当时我下了决心，我要在一周之内得到所需的百万美元。如何得到？这我并不关心。最重要的是，在一个确定的时间里得到钱的这个"决定"。我还要告诉你，我在做了这一决定之后，心里出现了一种前所未有的安定的感觉，这是我在以前所不曾体验过的。在我的心里好像有人说；"很久以前你为何不做这个决定？钱始终在等着你！"

事情就这样匆匆地开始了。我打电话给报纸宣布我要在第二天早晨讲演，题目是《如果我有百万美元我会做什么》。

我立即开始起草讲稿，但是我必须坦白地告诉你，起草工作并不难，因为我准备这次讲演，几乎有两年了。

午夜之前，我已完成了讲演的草稿，并带着自信的情绪上床睡觉。因为我看见我已经有了百万美元。第二天清晨起身，我进入浴室沐浴。之后，又念一遍讲演稿，并跪下来祈祷我的讲演能引起愿意提供这笔钱的某人的注意。

在祈祷时，我再度产生了这笔钱即将来到的神秘感觉。在情绪的兴奋中，我出门时竟忘了带讲演稿。当我站在讲台上，正要开始讲演时，方才发现了自己的疏忽。

回去取讲稿已经来不及了。所幸的是，我还好没去取讲稿。当我站起来开始我的讲演时，我闭着眼睛把自己心灵深处所有的话都倾吐了出来。我感觉自己不仅是在对听众说话，而且还在对神说话。我讲述了如果有一百万美元放在我手里时我会做什么。我描绘我心中的计划说，我要成立一个伟大的教育机构，让青年人能够学习一些实用的东西，并陶冶他们的心灵，启发他们的智慧。

当我讲完坐下以后，从后面第三排的座位上，有一个男子慢慢地站了起来，并走向讲台。我不知道他要做什么。他来到讲台并伸出他的手说："牧师，我喜欢你的讲演。我相信如果你有百万美元的话，你是能做到你说的事的。为了证明我相信你和你的讲演，如果你明天早晨能到我的办公室来，我会给你一百万美元。我的姓名是菲利浦？亚莫尔。"

年轻的根绍鲁士前往亚莫尔的办公室，得到了他渴望的百万美元。他用这笔钱创办了"亚莫尔理工学院"，也就是现在的"依利诺州理工学院"。

这一百万美元的到来，产生于一个意念。意念的背后是一种愿望，年轻的根绍鲁士在心中把这个愿望孕育了两年。

这是一个重要的事实，他在心里下了要获得这笔钱的决心，在制订了行动计划之后的三十六小时，百万美元就到手了！

年轻的根绍鲁士迷迷糊糊地想着百万美元，以及想获得它的微弱希望，这一切并没什么独特之处，以前有人这样想过，以后也还会有人这样想。但他独特的地方在于，他在那个值得纪念的星期六，决心把所有的想法置于脑后，而断然地说："我一定要在一周内得到这笔钱！"

根绍鲁士获得百万美元的这个原则，如今仍然是有用的，它可以为你所用！

（佚名）

我曾经是只土拨鼠

> 它总要留下一些种子等待来年再发芽，生根，结果，以便使食物链长久地维持下去。

大学毕业那年，我应聘到一家瓷器公司做营销员，主要负责在"云梦"商场的一个大柜台前卖瓷器。因为瓷业市场疲软，并且我们所在的柜台也不怎么引人注目，所以上柜之初，生意平平，一天只卖出可怜的几件。老板说，能不能成为公司正式员工，就全看你个人的营销业绩了，那段日子我心急如焚，可面对如此窘境，却又束手无策。

正当我一筹莫展找不到促销的好办法时，一个绝好的机会却送上门来了。

一天，我的柜台前来了一位苏州男人，人们都说苏州女人特挑剔，可这位苏州男人也毫不逊色，在柜台前老是挑来挑去，上等的瓷器他不要，偏偏要那种朴实便宜的青瓷盘，并且还要一件件地开包挑拣。这位先生看一件说有瑕疵扔下，又拿过一件说花纹不精美又扔下，我不急不恼，泰然处之。他扔下一件，我就随手拾起"啪"地一声将它摔碎。他再扔下一件，我又摔一件，就这样连摔了三件。那位先生开口了："你摔它干啥？我不要你可以卖给别人嘛！"

"不！这是我们公司的规定，绝不把顾客不满意的产品卖给任何一个消费者！"我坚决地回答，那位苏州先生愣了一下，像是有意要试试这份承诺的可信度到底有多大，于是就旁若无人似地低下头继续挑。我毫不心痛，仍旧是他扔一件我摔一件。就这样连续摔了二十八件青瓷盘。不过这一过程中，我脸上始终带着微笑，这时，已有许多人纷纷来围观了。"不要再摔了！不要再摔了！"

"那算什么毛病？他不要卖给我！"

人们开始对这件事发起评论了。冷寂许久的柜台前第一次拥来这么多人。顾客们围得里三层外三层，像看一出惊心动魄的大戏一样。当这位先生抓起第二十九件瓷盘时，沸腾的人群发出一声声愤怒的吼叫。

这次那位先生抓起瓷盘后，看都没看便拿走了。"我买！我买！"

"给我一件！给我一件！"

人们开始抢购我的瓷器。就这一天，我的柜台空前火爆。当场卖了近四百件，第二天卖了六百件，是以前几十上百倍的销量。那天晚上，公司老板重重表扬了我，尽管他没有规定我这么做。

更让人想不到的是，一个星期后，那位苏州先生又来了，不过这次他不是来退货或再来挑毛病的，而是一下子买去了一千件瓷盘，说是拿回去给他的酒店里用。因为这件事，我和这位苏州先生也就成了朋友。在随后的几年里，他和他的朋友先后从我这儿买去了几万件瓷器，为公司增加了上百万的销售额。

今天，我已是这家瓷器公司的总经理了，坐在光洁明亮的办公室里，回想昔日的那一幕，至今仍令我激动不已。据说，北美大陆的土拨鼠在寻食一种坚果的时候，并不把果实全部吃完，哪怕它当时饿得特别厉害。它总要留下一些种子等待来年再发芽，生根，结果，以便使食物链长久地维持下去。

牺牲现在的小利，以换取未来更好的发展，也许，我曾经是生活中的那只土拨鼠。

（川子）

要自己拿主意

人生的路上，有很多时候，我们都要靠自己拿主意。

美国著名女演员素尼亚？斯米茨童年的时候在加拿大渥太华郊外的一个农场里生活。

那时候她在农场附近一个小学里读书。有一天她回家后很委屈地哭了，她父亲问她为什么哭泣，她断断续续地说道："我们班里一个女生说我长得很丑，还说我跑步的姿势难看。"父亲听完她的哭诉后，没有安慰她，只是微笑地看着她。忽然父亲说："我能够得着咱们家的天花板。"当时正在哭泣的索尼亚听到父亲的话觉得很惊奇，她不知道父亲想要表达的意思，就反问了一句："你说什么？"

父亲又重复了一遍："我能够得着咱们家的天花板。"索尼亚完全停止了哭泣，她仰着头看了看天花板，将近四米高的天花板，父亲能够得着？尽管她当时还小，但她不相信父亲的话。父亲看她一脸的不相信，就得意地对她说："你不信吧？那么你也别相信那个女孩子的话，因为有些人说的并不是事实。"索尼亚在很小的时候就明白了，不能太在意别人说什么，要自己拿主意。

在她二十四五岁的时候，她已经是一个颇有名气的年轻演员。一次，她准备去参加一个集会，但她的经纪人告诉她，因为天气不好，可能只有很少的人参加这次集会。经纪人的意思是索尼亚刚开始出名，应该用更多的时间去参加一些大型的活动以增加自己的名气。可索尼亚坚持要参加那个集会，因为她在报刊上承诺过要去参加。结果，那次在雨中的集会，因为有了索尼亚的参加而使得广场上的人群拥挤起来。她的名气和人气骤升。

凡事要靠自己拿主意，并不是一意孤行，孤芳自赏，而是忠于自己，相信自己，要对自己的承诺负责，要敢于承认自己的缺点，更要敢于承担面临的挑战。在人生的路上，有很多时候，我们都要靠自己拿主意。

（赵瑜）

自私的代价

很遗憾，是你们自己不给自己机会啊！"

在经过一轮复一轮的重重筛选后，我们五个来自不同地方的应聘者终于从数百名竞争对手中，像大浪淘沙一般脱颖而出，成为进入最后一轮面试的佼佼者。

我们这五个人，可以说都是各条道路上的"英雄好汉"，彼此各有所长，势均力敌，谁都可以胜任所要应聘的职务。换句话说，就是谁都有可能被聘用，同时谁都有可能被淘汰。正是因为这样，才使得最后一轮的角逐更加具有悬念，更加显得激烈和残酷。

我虽然身居众高手当中，但心里相对还是比较踏实的。因为凭我在初试、复试、又复试、再复试中过关斩将那股所向披靡的势头，我想我成功获胜是绝对没有问题的了。于是，胜利的自信和成功的愉悦提前写在了我的脸上。

按照公司的规定，我们要在那天早上九点钟准时到达面试现场。面对如此重要的机遇，没得说，我们当中不仅没有人迟到，还都不约而同提前半个多小时就赶到了。距面试开始时间还早，为了打破沉寂的僵局，精明的我们还是勉强地聚在一块儿闲聊了起来。面对眼前这些随时会成胁自己命运的对手，在交谈中彼此都显得比较矜持和保守，甚至夹着丝丝的冷漠

和虚伪……

　　忽然，一个青年男子急急忙忙地赶来了。他的到来成了我们转移这毫无内容的话题的借口，我们纳闷着，惊奇地看着他，因为在前几轮面试中都不曾见过他。

　　他似乎感到有些尴尬，然后就主动迎上前开口自我介绍说，他也是前来参加面试的，由于太粗心，忘记带钢笔了，问我们几个是否带，想借来填写一份表格。

　　我们面面相觑。我想，本来竞争就够激烈的了，半路还要杀出一个"程咬金"，岂不是会使竞争更加激烈么？要是咱们不借笔给他，那不就减少了一个竞争对手，从而加大了成功的可能？我们几个有心灵感应似的你看着我我看着你，终于没有人出声，尽管我们身上都带着钢笔。

　　稍后，他看到我的口袋里夹了一支钢笔，眼前立刻掠过一丝惊喜："先生，可以借给我用用吗？"我立刻手足无措。慌里慌张地说："哦……我的笔……坏了呢！"

　　这时，我们五人当中有一个沉默寡言的"眼镜"走了过来，递过一支钢笔给他，并礼貌地说："对不起，刚才我的笔没墨水了，我掺了点自来水，还勉强可以写，不过字迹可能会淡一些。"

　　他接过笔，十分感激地握着"眼镜"的手，弄得"眼镜"感到莫名其妙。我们四个则轮番用白眼瞟了瞟"眼镜"，不同的眼神传递着相同的意思——埋怨、责怪。因为他又给我们增加了竞争对手。奇怪的是，那个后来者在纸上写了些什么就转身出去了。

　　一转眼，规定的面试时间已经过去二十分钟了，面试室却仍旧丝毫不见动静。我们终于有些按捺不住了，就去找有关负责人询问情况。谁料里面走出来的却是那个似曾相识的面孔："结果已经见分晓，这位先生被聘用了。"他搭着"眼镜"的肩膀微笑着向我们做了一个鬼脸。

　　接着，他又不无遗憾地补上几句："本来，你们能过五关斩六将来到这儿，已经是很难能可贵的了。作为一家追求上进的公司，我们不愿意失去任何一个人才。但是很遗憾，是你们自己不给自己机会啊！"

　　我们这才如梦初醒，可是已经太迟了。自私的我们只因为这么一点小事，丢掉了已经到嘴的肥肉；"眼镜"却得益于他的无私，成了这次应聘中惟一的幸运儿。这次面试必将成为我们人生永恒的一课，影响着今后的生活。

（周仕兴）

美丽的互助

我们给予别人的无需太多，一颗信任之心就足够了。

有一个中年人，由于儿子的亡故他终日忧郁烦闷，甚至产生了轻生的念头。因为无心工作，失业的他生活愈加贫穷。一天，他正独自在家里睹物思人，忽然有人敲门，打开门一看，原来是镇上年龄最大的老妇人。她手里举着一沓纸，对他说："你在城里认识的人多，我闲着没事时写了一部自传，你给看看能不能出版。"他接过那沓打印纸匆匆看了一遍，看着眼前已经耳聋眼花年近百岁的老妇，他的心被深深触动了。老人已那么大的年龄还在做着自己的事，而自己刚刚中年却万念俱灰，他心里产生了浓浓的愧疚感。他附在老人的耳边大声说："您放心吧！我会想办法的。"

老妇人满怀希望地离开了。她的一生都很清贫，年龄大了，只有小儿子在身边，而小儿子的生活也很贫困，她拒不接受别人的施舍，自己做着力所能及的事。后来年岁渐大，她的眼睛几乎看不见，耳朵也几乎听不见，便开始用一台老式打字机写自己一生的经历，想出版后卖些钱补贴小儿子一家。几天后，老妇人得到好消息，城里有人愿意出版她的书稿，让她继续写下去，而且每月给她 200 美元的费用。老妇人心里高兴极了，她终于可以为儿子做些什么了。

　　镇上的人惊奇地发现，那个中年人已从丧子之痛中解脱出来，每天在城里忙他的事，又恢复了以往正常的生活。这样的日子又过了几年，老妇人与世长辞，留下了一大堆手稿。人们曾经看过她的自传手稿，字迹重叠，不仅看不清晰，有的甚至是一纸厚厚的油墨，因为老妇人根本听不见打字机走到头时的回铃声，她也看不见。她的自传根本不可能出版，人们忽然明白了那位中年人为何整日劳作而生活却日趋贫困！如今，老妇人的手稿被收藏在当地的一家博物馆中。

　　这是发生在美国的一个真实的故事。是老妇人的奋斗精神鼓舞了陷入伤心绝望中的中年人，使他重新振作起来，从而帮助老妇人一家度过了最艰难的岁月。人世间有许多美丽的情感是值得我们感动的，有时，我们给予别人的无需太多，一颗信任之心就足够了。拥有了这些至美的情感，就算生活再贫穷，生命也是富有的。

（佚名）

上帝咬过的苹果

生活给予每个人的都不会太少，只要好好珍惜其中的一二，并不断用心血去打造，就能拥有生命的芬芳。

我有爱我和我爱着的亲人与朋友；对了，我还有一颗感恩的心……

谁能想到，这段豁达而美妙的文字，竟是出自一位在轮椅上生活了三十余年高位瘫痪的残疾人。这位残疾人是谁？他就是世界科学巨匠霍金。

一次，在学术报告结束之际，一位年轻的女记者不无悲悯地问："霍金先生，卢伽雷病已将你永远固定在轮椅上，你不认为命运让你失去太多了吗？"面对这些突兀和尖锐的提问，霍金显得很平静，他的脸依然带着微笑，他用那根还能活动的手指，艰难地敲击键盘，打下了以上那段文字。

对霍金来说，命运对他可谓是苛刻的：他口不能说，腿不能站，身不能动，他失去了许多常人拥有的最基本的生存条件。可霍金仍感到自己很富有，比如，一根能活动的手指，一颗能思维的大脑……这些，都让他感到满足并对生活充满了感恩。

有人说，每个人都是被上帝咬过后的苹果，只因上帝特别喜爱某些人的芬芳，所以才对他咬得特别重。霍金就是这样一只苹果，上帝给了他残缺的肢体，却让他拥有了一个芳香的心灵。

生活给予每个人的都不会太少，只要好好珍惜其中的一二，并不断用心血去打造，就能拥有生命的芬芳。

（黄小平）

一美元小费

> 真正的大人物，从来都是和平常人站在一起的人。

在一个既脏又乱的候车室里，靠门的座位上坐着一个满脸疲惫的老人，身上的尘土及鞋子上的污泥表明他走了很多的路。列车进站，开始检票了，老人不急不忙地站起来，准备往检票口走。忽然，候车室外走来一个胖太太，她提着一个很大的箱子，显然也是赶这班列车，可箱子太重，累得她呼呼直喘。胖太太看到了那个老人，冲他大喊："喂，老头，你给我提一下箱子，我一会儿给你小费。"那个老人想都没想，拎过箱子就和胖太太朝检票口走去。

他们刚刚检票上车，火车就启动了。胖太太抹了一把汗，庆幸地说："还真多亏你，不然我非误车不可。"说着，她掏出一美元递给那个老人，老人微笑地接过。这时，列车长走了过来："洛克菲勒先生，你好，欢迎你乘坐本次列车，请问我能为你做点什么吗？"

"谢谢，不用了，我只是刚刚做了一个为期三天的徒步旅行，现在我要回纽约总部。"老人客气地回答。"什么，洛克菲勒！"胖太太惊叫起来，"上帝，我竟让著名的石油大王洛克菲勒先生给我提箱子，居然还给了他一美元小费，我这是在干什么啊！"她忙向洛克菲勒道歉，并诚惶诚恐地请洛克菲勒把那一美元小费退给她。

"太太，你不必道歉，你根本也没有做错什么。"洛克菲勒微笑地说道："这一美元，是我挣的，所以我收下了。"说着，洛克菲勒把这一美元郑重地放在了口袋里。

真正的大人物，是那种身在高位仍然懂得如何去做平常人的人；真正的大人物，从来都是和平常人站在一起的人。

（杨东杰）

面对不幸的姿态

真正可以依赖的，惟有自己的坚韧之心。

女友海群去巴尔的摩参加一个年会，和海群同住一个旅馆房间的还有一位吕贝卡，她是个年轻漂亮的女人。每天太阳一升起，她就梳妆整齐，和常人一样开会，做笔记，谈笑风生。但是夜幕一降临，她便谢绝一切晚会、电影和夜宵，退回自己的房间。她打开背包，排出十几只药瓶来，然后像刷牙洗脸一般自如熟练，一瓶接一瓶地吃下去。吞完药，洗漱完毕，八点半准时关灯睡觉。

吕贝卡得的是红斑狼疮，如果不是坚持吃药、早睡，她撑不到第二个阳光灿烂的日子。不过海群和她相识了好几年，常常忘了她身患重疾，因为吕贝卡很少提起她的疾病，平时工作学习起来，和常人没有两样。这次与她同室，海群问道："你平时看起来好精神呀！"已经在黑暗中躺下的吕贝卡平淡地说："一天下来还是有些累。"

吕贝卡大学学的是社会心理学，毕业后工作了几年，又回到康奈尔大学读生物统计硕士。海群说，身患顽症的吕贝卡读书太艰辛了，但毕竟还是一步一步地坚持完成了学业。

记起刚到美国时，我曾在一家小店做售货员。一个坐轮椅的社区大学教师是小店的常客。他不计较我的"破英语"，买东西会和我聊几句，耐心向我介绍美国的情况。他每次来买东西，我都会立即奔过去为他开门，然后尾随其后，随时准备助一臂之力。好几次，他谢了我以后，坚持自己行动。一次我看他想要货架上的罐头，便立即拿了递给他，不料他摆摆手，自己撑着从轮椅上站起来，又去拿了一个。他恳切地对我说："你不用老想着帮我。我自己买东西好多年了，有时只是行动慢些，并不是不能。"经他一说，不好意思的倒是我了。

长久以来，在小说电影电视里看到身残的不幸者，多是凄惨可怜的形象。瘫痪在床的男人，无论以前多么叱咤风云，最后总是在自卑、暴躁和反复无常中，折磨完别人，折磨完自己，受尽千辛万苦，才撒手离去。得了白血病的美女，谈过一场轰轰烈烈的恋爱，多半也是在疾病的庞大阴影下，哭哭泣泣地挨近坟墓。

可在美国生活十年，我却亲眼见识了不少不幸却不凄惨的人物。

一个十分聪慧的女孩子，酷爱体育活动，不幸得了一种奇怪的骨风症，活动久了就会双腿关节红肿。有时疼痛剧烈，她会立即跪倒在地，寸步难行。据说这病发作起来身心俱裂，还可能导致瘫痪。她和吕贝卡一样，每天必须吞食一大把药片，但这个女孩子很少一脸愁容，也不见她声张诉说，偶尔提起不能打排球的遗憾，也只像是不能吃冰糖葫芦似的。

如果说他们的不幸会给人一种震撼，那恰是来自于他们面对不幸的姿态。他们不向人诉苦，不期望人们有所照应和谦让，不强调自己与苦难拼搏的艰难与坚强，而以残疾之躯行自力更生之举为自豪。从他们的不言之中，我看到了一颗颗坚韧之心。一个身体比较孱弱、朋友不多的美国小伙子对我说过这么一段话："这几年我最大的进步是，生病时，可以独自待在黄昏渐暗的屋子里而不黯然神伤……一个人只有有勇气面对自己，才能有勇气面对人生。"在他看来，即使遭遇苦难，亲情、友谊和社会声援，也只能当作一种额外的补偿。真正可以依赖的，惟有自己的坚韧之心。有了这样的信念，你就再也不怕失去什么了。

（涵子）

诚恳的收获

"不用了，我在这儿躲会儿雨，马上就走。"

在几十年前的美国费城，发生了这样一件事。

那是一个阴霾满天的午后，倾盆大雨瞬间落下，行人纷纷就近跑到店铺里躲雨。一位浑身湿淋淋的老妇人，蹒跚地走进了费城百货公司。许多售货员看着她狼狈的样子，简朴的衣裙，都漠然地心不在焉。这时，一个叫菲利的年轻人诚恳地对老妇人说："夫人，我能为您做点什么吗？"她莞尔一笑："不用了，我在这儿躲会儿雨，马上就走。"

老妇人随即又不安起来，不买人家的东西，却在人家的屋檐下躲雨。她在百货公司里转起来，想哪怕买件头发上的小饰物呢，也算是个光明正大的躲雨理由。

正当老妇人神色迷茫的时候，菲利又走过来说："夫人，您不必为难，我给您搬了一把椅子放在门口，您坐着休息就是了。"

两个小时后，雨过天晴，老妇人向菲利道过谢，随意要了他一张名片，然后颤巍巍地走进了雨后的彩虹里。

几个月后，这家百货公司的总经理詹姆斯收到一封信。原来，这封信就是那位老妇人写的，她竟是当时美国亿万富翁"钢铁大王"卡内基的母亲。信中要求将菲利派往苏格兰，去收取装潢一整座城堡的订单，还让他承包下一季度办公用品的采购，采购单都是卡内基家庭所属的几家大公司。詹姆斯震惊不已，匆匆一算，只这一封信带来的利益，就相当于百货公司两年利润的总和。

詹姆斯马上把菲利推荐到公司董事会上，当他打起行装飞往苏格兰时，这位 22 岁的年轻人已经是这家百货公司的合伙人。

在随后的几年里，菲利以自己一贯的踏实和诚恳，成了卡内基的左膀右臂。菲利功成名就，向全国近 100 所图书馆捐赠了 800 万美元的图书，用知识帮助更多的年轻人走向成功。

（佚名）

追寻简单

简单的生活，造就了高尚的人格，那才是真不简单哩。

简单，只两个字眼儿，简单得无须解释，又深刻得难以解说。

一个馒头，一碗粥，一碟小菜，心满意足地吃下来，这是简单；三口人，两份工资，一个家，锅碗瓢盆地过日子，这是简单；高级职称三个名额四个人要，那我就退出来，下次再来，这是简单；中伤之言，一笑置之，小人原本少教养，跟他计较不值，这是简单；破破烂烂，可卖则卖，该扔就扔，毫不可惜，决不留情，这是简单……孩子们永远天真永远快乐，是因为人生在他们眼里只是简单；少女们总是无限感伤无限烦恼，是因为人们总对她们说人生不简单；中年人常常郁闷愁眉紧锁，是因为他们找不到简单；老年人安详、冷静，是由于经历了一番艰难人生跋涉，穿越了人类自己制造的纷杂、喧嚣、迷茫的思想迷雾，在人生的那一端，他们看到了生活其实是简单。

是的，人生的道理原本简单——男人和女人共同组成人类。生和死是人的全部生命过程。世上最透彻的生活哲理往往藏在最朴素无华的人生世界、最简单明白的大实话中。粮店来了好米，老婆一声如唤："扔下你那书本，人活着先得吃饭！"半夜里赶写论文点灯熬油，老婆轻轻唠叨："丢了小命，职称有啥用？"瞧，生活里的普普通通一句话常能引领人瞅见高山背后坦荡荡一片人生平原。这话是深刻，更是简单。简单是一种生活方式，不讲奢华，不求档次，钱少少花，钱多也不乱花；简单更是一种人生态度，得失随缘，不尚华贵，不羡名利。钱钟书夫妇俩，几十年来把自己圈在围城里，红尘滚滚，商潮汹汹，都拒之于城墙之外，简单的日子过得平和、充实、清静、舒畅。19世纪中叶美国著名作家亨利·戴维·梭罗，一个把思想和人生完善结合起来的人，为了试验人除了必要的物品，其他一无所有是否能在大自然中愉快地生活，1845年7月，28岁的梭罗提着一把借来的斧子只身来到康科德郊外的瓦尔登湖边亲手为自己建筑起一座房子，过起了如初民般的生活，一年仅用6个星期去谋生，剩下的时间全留给自己去做自己喜欢做的事情——观察、阅读、思考、写作，两年自给自足的生活之后，他写出了超经验主义的经典之作《瓦尔登湖》。

这世界并不复杂，只要心简单就行了；如果心复杂了，这世界就复杂了。悟出简单的人自会轻轻松松地享受人生。从根本的意义上明白人活着都要吃饭穿衣，你就会自然想到飞扬只是人生的一瞬，平凡细琐才是生命的永恒。那又何必奢望浮名耗费心机，为觅不到人生的雄奇博大唉声叹气？懂得："我是我自己的"，当然不屑企求别人的承认；知道昨天的经验教训只是为了今天活得更好，又何须为过去的伤心事哀痛不已？人这个自然之子，他（她）的肉躯只需要从自然之中获取的适量的五谷杂粮，只需要几套保暖的衣物，只需要不多但真挚的亲情、友情和爱情，简简单单的日子更能咀嚼出生活的滋味：放眼望去，满街绅男淑女中，自己虽不抢目也不显寒酸，倒落得个逍遥自在；少了浮躁，少了矫饰，少了繁琐，简单的日子竟让自己神清气爽起来。学会了换一种眼光来看世界，就会发现，商场里充斥了奢靡的物品，报刊里塞满了矫情的文字，办公室里弥漫着过多虚伪的寒暄……于是，不再被外在的世界，内在的心弄得疲惫不堪，得失随缘，心无增减，处世以不即不离之法，居心于有意无意之间。简单些，试着解除一些物质之累和心负之累吧！

简单不是浅陋，是海洋中的静谧和深邃，简单也不等于平庸，是高原深秋的宽广无垠；简单不是不要丰足小康，明快多彩的生活，不是拒绝浪漫情怀潇洒风度，它只是喧嚣中保持一份空灵，不过凑那份热闹；只是流行中认定平淡如金，不去追什么潮流赶什么时髦。

简单如高天上流云，高山上流水；让凝涩的人生流畅，把板结的心情融化，使喧哗的世界灵动。简单会使精神有了一种高尚感，心灵有了一种净化感，灵魂有了一种安详感，身心有了一种健康感。简单的生活，造就了高尚的人格，那才是真不简单哩。

（牟瑞彬）

寓 言

"看你再摇，这铁石心肠的畜生！"

从前的时候，人不怕老虎，老虎也不咬人。

有一天，王大在山里打了许多野鸡野兔，太多了，他一个人驮不动，只好分些绑在猎犬的背上，惹得那狗涎垂一尺，尽拿舌头去舐鼻子。猎户一面走着，一面心里盘算那只兔子留着送女相好，那只野鸡拿去镇上卖了钱推牌九。

他正这样思忖的时候，忽见前头来了一只老虎，垂头丧气的与一个大输而回的赌徒差不多。

王大说："您好呀？寅先生为何这般愁闷，愁闷得像一匹丧家之犬。看你那尾巴，向来是直如钢鞭的，如今却夹起在大腿之间了；还有那脚步向来是快如风的，如今也像缠了脚的老太太，进三步退两步了。"

老虎说："王老，你有所不知，说起来话真长着呢！"说到这里，他叹气连天的。"我家有八旬老母，双眼皆瞎，又有才满月的豚儿，还睡在摇篮里，偏偏在这时把拙荆亡去了。今天一清早，我就出去寻找食物，走了一个整天——"说到这里，他忽然看见王大背上与猎犬背上满载着的野品，便道："呀，原来都在这里，怪不得我空跑了一天呢！"

它接着哀恳道："王老，先下手为强，这句俗语我也知道。不过，我实在是家有老母小儿，他们已经整天不曾有一物下咽了。我如今正年富力强，饿上十天半个月还不打紧，他们一老一幼，却怎么捱得过呢！万一他们有个长短——"

它说到这里，忍不住的伤心大哭起来，一颗颗的眼泪，从大而圆的眼眶里面滴下，好像许多李子杏子似的。他的哭声惊动了头顶上树枝间的割麦插禾，一齐飞入天空，问道："这是为何？这是为何？"

王大只是摇头。

老虎又哀求道："不看金面看佛面，我前生也姓王，只看我额上的王字便是记认。你对于同宗，难道也忍心坐视不救吗？"王大只是摇头。

老虎陡然暴怒起来，他大吼一声，跳上去把王大的头一口咬下来，说道："看你再摇，这铁石心肠的畜生！"

猎狗摇着尾巴，笑嘻嘻的说："大王，你过劳贵体了，让小畜替你把这些野鸡野兔连着王大的身体一齐驮去宝洞罢！"

自此之后，老虎知道人是一种贱的东西，只怕强权，不讲道理，于是逢着便咬，报他昔日的仇。

（朱湘）

拥有绿色的心

　　一生的春色，需要一生的装点。拥有绿色的心，便会拥有一切。

　　如果说生命只是一次不能重复的花季，那搏动的心便是一朵永不凋零的春花。

　　早春二月，乍暖还寒时候，鹅黄隐约，新绿悄绽，昭示着生命的勃勃，那是旭日般的青春；阳春三月，杏花春雨时节，桃红柳绿，柔风拂雨，飘扬着自然的伟力，那是如火的中年；晚春四月，芳菲渐尽之际，远山幽径，柳暗花明，辉煌着黄昏的执著，这是晚晴的暮年……

　　夏、秋、冬只属于肉体，心灵之树是常青的。

　　"不行春风，难得春雨"，生命之绿需要的是德行的沐浴、坚韧的浇灌、挚爱的孕育！

　　心的本色该是如此。成，如朗月照花，深潭微澜，不论顺逆，不论成败的超然，是扬鞭策马，登高临远的驿站；败，仍滴水穿石，汇流人海，有穷且益坚，不坠青云的傲岸，有"将相本无种，男儿当自强"的倔强；荣，江山依旧，风采犹然，恰沧海巫山，熟视岁月如流，浮华万千，不屑过眼烟云，辱，胯下韩信，雪底苍松，宛若羽化之仙，知暂退一步，海阔天空，不肯因噎废食……德是高的，心是诚的，爱是纯的，心便会永远是绿色的。

　　季节的斑斓和诱人，来自自然的造化；芸芸之生的春景，源之于创造。诗人有云：没有比行动更美好的言语，没有比足音更遥远的路途……

　　一生的春色，需要一生的装点。拥有绿色的心，便会拥有一切。

（赵咏鸿）

第四辑　揣好梦想上路

梦想，是最初牵引你上路的激情，也是鼓励你赶路不止不变的鞭策，更是支撑你倒下也不屈失败不失志向的寄托。

揣着梦想上路，踏出一路风光。揣着梦想上路，无路也有希望。

揣好梦想上路

　　走过的路，是回忆中的梦想；梦想，是还未走过的路。

　　也许我们每天夜晚最应该做的反省就是：明天要到哪里去？也许我们每天早晨最应该做的决定就是：上路，迈步前行。

　　只是上路时别忘了揣好梦想。

　　梦想，是飘浮在心头的一缕美丽的诱惑。它使平凡的你再也不能容忍往日的庸俗和无聊，蓦然间悟到了日子应有的诗意与挥洒诗意的抉择。

　　揣好梦想上路，路的尽头便不会缥缈，跌撞的身影也不会无奈。

　　梦想，是豁亮在眼前的一帧灿烂的惊奇，它使渺小的你再也不肯在卑微中空耗和压抑本来的生机，油然涌起的是天高地阔的境界和魂牵这种境界的渴望。

　　揣好梦想上路，路的坎坷便是平仄，坚实的足音便是对这种平仄的吟唱！

　　梦想，不会轻轻松松变成收获被捏在你的手中，但执著的赶路人分明能真真切切聆听到它遥远的呼唤，这种呼唤铭刻于骨便是神圣的使命。

　　梦想，也不会红红火火变成荣誉从天而降于你的小屋，但忠实的赶路人分明能实实在在感受到它真挚的回报，这种回报融入热血便是更为刚毅的责任。

　　梦想，是最初牵引你上路的激情，也是鼓励你赶路不止不变的鞭策，更是支撑你倒下也不屈失败不失志向的寄托。

　　走过的路，是回忆中的梦想；梦想，是还未走过的路。

　　揣着梦想上路，踏出一路风光。揣着梦想上路，无路也有希望。

　　　　　　　　　　　　　　　　　　　　　　　　　　　　（佚名）

带着成熟寻找

只有时刻在前进中寻找，才不会因走错路而荒废生命，才会有能力让生命显现辉煌。

带着梦想寻找，带着热情寻找，带着成熟寻找……

不能没有梦想，不能没有热情；失去了梦想和热情，生命之树只能生长冷漠和无聊，生活中也就永远失去了阳光。

只有梦想，没有成熟，人生便没有根基。理想很高远，那是飘在天空的彩云，也很快就随风而逝；目标很大，那是竖在远方高山上的一面旗，遥远得不知从何处走起。有梦想，说明还有希望、还有追求、还有志向。但梦想必须经过成熟过滤才能成为人生飞翔的双翼。

只有热情，没有成熟，人生便没有底蕴。热情之火，只能点燃盲目的冲动，只能点燃不符合实际的狂想，只能点燃虚无缥缈的梦想，有时还能点燃愚蠢的念头……不过，有热情，说明还有生活的渴望，还有人生的向往，还有美好的理想。但热情必须经过成熟过滤才能成为人生前进的动力。

经过成熟过滤后的梦想与热情，没有了狂热，没有了狂想，没有了狂为。梦想化为引导行动的理想和目标，为人生的航船指引方向；热情化为人生航船的发动机，驱动着人生向目的地全速进发。成熟不会抛弃梦想，不会抛弃热情。成熟是一株生长缓慢的植物，梦想是水，热情是肥，只有适量的施肥浇水，"成熟"才会长成大树，这棵大树会结出硕果—成功的人生。而没有梦想失去热情的成熟一定是棵"怪树"，只能结出麻木、冷酷和狡猾。

人生永远在寻找，没有人会指给你前方的路（即使有人指给你路，那路也不一定适合你走）。只有带着成熟寻找，带着成熟过滤后的梦想与热情寻找，才会有能力经受挫折跨越障碍，目标坚定地向自己的人生理想；才能有信心战胜困难攀登高峰，永不停下前进的脚步，向自己的人生理想冲锋。

目标坚定，却需要寻找道路，登上人生高峰的路是艰险而无人走过的，只有时刻在前进中寻找，才不会因走错路而荒废生命，才会有能力让生命显现辉煌。

（王书春）

一个祝福的价值

或许你我无意间送出的祝福将会带给他一生的温暖和幸福。

我们不要吝啬祝福，哪怕只是对一个陌生人，或许你我无意间送出的祝福将会带给他一生的温暖和幸福。那年，我在美国的街头流浪。圣诞节那天，我在快餐店对面的树下站了一个下午，抽掉了整整两包香烟。街上人不多，快餐店里也没有往常热闹。我抽完了最后一支烟，看着满地的烟蒂叹了口气。天色渐渐暗了下来，路灯微微睁开了眼睛，暗淡的灯光让我心烦，就像自己黯淡的前程，令人忧伤。我的手插在裤子的口袋里，口袋里的东西令我亢奋。我用嘴角挤出一丝微笑，用左手在胸前画了一个十字，然后目不转睛地盯着快要收工的快餐店。

就在我向街对面的快餐店跨出第一步的时候，从旁边的街区里走出一个小女孩儿，卷卷的头发，红红的脸颊，天真快乐的笑容在脸上荡漾。她手里抱着一个芭比娃娃，蹦蹦跳跳地朝我走来。我有些意外，收住了脚步。小女孩儿仰起头朝我深深一笑，甜甜地说："叔叔，圣诞节快乐！"我猛地一愣，这些年来大家都把我给忘记了，从没有人记得送给我一个圣诞节的祝福。"你好，圣诞节快乐！"我笑着说。"你能给我的孩子一份礼物吗？"小女孩儿指了指手中的娃娃。"好的，可是……可是我什么也没有。"我感到难为情，我的身上除了裤子口袋里那样不能给别人的东西以外，真的一无所有。"你可以给她一个吻啊。"我吻了她的娃娃，也在小女孩儿的脸上留下深深的一吻。小女孩儿显得很快乐，对我说："谢谢你，叔叔，明天会更好，明天再见！"我看着美丽的小女孩儿唱着歌远去，对着她的背影说："是的，明天一定会好起来，明天一定会更好！"我离开了那个地方。

五年后的今天，我有了一个温暖的家，妻子温柔善良，孩子活泼健康。我在中国的一所大学里教英语，学校里的老师和学生都很尊重我，因为我能干而且自信。

又到了圣诞节。圣诞树上挂满了"星星"，孩子在搭积木，妻子端来了火鸡。用餐前，我闭上了眼睛，默默祈祷。祈祷完了，妻子问我，你在向上帝感谢什么呢？我静静地对她说："其实五年前我就不再相信上帝，因为他不能给我带来什么。每年圣诞节我也不是感谢他，我在感谢一个改变我一生的小女孩儿。"我对妻子说："你知道我是进过监狱的。""可那是过去。"妻子看着我，眼神里满是爱意。"是的，那是过去。但是当我从监狱里出来以后，我的生活就全完了。我找不到工作，谁都不愿意和一个犯过罪的人共事。"我充满忧伤地回忆着，"连我以前的朋友也不再信任我，他们躲着我，没有人给我任何安慰和帮助。我开始对生活绝望，我发疯地想要报复这冷漠的社会。那天是圣诞节，我准备好了一把枪藏在裤子口袋里。我在一家快餐店对面寻找下手的时机，我想冲进去抢走店里所有的钱。"妻子睁大了眼睛，"杰，你疯了。""我是疯了，我想了一个下午，最多不过是再被抓进去关在监狱里，在那里，我和其他人一样，大家都很平等。""后来怎么样？"妻子紧张地问。接下来，我对妻子讲了那个故事，"小女孩儿的祝福让我感到温暖。我走出监狱以来，从没有人给过我像她那样温暖的祝福。"我激动了，"亲爱的，你知道是什么改变了我的命运吗?"妻子盯着我的眼睛。"小女孩儿对我说'明天会更好'，感谢她告诉我生活还在继续，明天还会更好。以后在困难和无助的时候，我都会告诉自己'明天会更好'。我不再自卑，我充满自信。后来，我认识了你的父亲，他建议我回到中国来。接下来的事情你都知道了。就是那个小女孩儿的一个祝福改变了我的一生。"妻子深情地看着我，把手放在胸前，动情地说："让我们感谢她，祝福她幸福吧。"我再一次把手按在了胸前。

一个祝福的价值是无法用金钱来衡量的，它可能会改变一个人的一生和很多人的命运。所以，我们不要吝啬祝福，哪怕只是对一个陌生人，或许你我无意间送出的祝福将会带给他一生的温暖和幸福。

（佚名）

生命的力量

与其说这是医学的奇迹，还不如说是生命力量创造的神话。

1999 年 7 月 25 日，美国洛杉矶市。一名持枪抢劫银行的劫犯被赶到的警察包围了。仓皇出逃的一瞬，劫犯本能地从人群中抓过一人充当人质。不料，他用枪指着的这名人质竟是一名孕妇，而且，由于受到惊吓的缘故，孕妇开始了痛苦地呻吟。

在场的人连同劫犯本人几乎同时发现，孕妇的衣裤正一点一点地被鲜血染红。突然，歹徒不再叫嚣，而是用一种温和的目光打量这位头被枪顶着的人质。

四处散开的警察开始紧张起来，他们不知劫犯将干什么。就在警察们想进一步采取措施时，劫犯却出人意料地把枪扔在地上，而后缓缓举起双手。警察一拥而上。

　　就在警察押着劫犯准备离开时，孕妇却坚持不住了。这时，只听束手就擒的劫犯说："等等好吗？我是医生，只有我能帮助她。"怕警察不信，他又补充说："她随时都有生命危险，根本无法坚持到医院。"

　　警察破天荒地松开了手铐。

　　不多久，一声洪亮的啼哭声响彻大厅，人们情不自禁地欢呼雀跃起来，不少人因此竟感动得热泪盈眶。

　　劫犯事后告诉警察，是那个即将出世的小生命征服了他。池当时便想，"生命于每个人而言只有一次，我有什么权利掠夺他人最为珍贵的东西呢？"

　　征服歹徒不是靠警察黑洞洞的枪口，而是凭借着幼小的生命的力量。

　　其实，查阅人类的辞典，生命的力量不仅仅是能征服歹徒，在许多时候，生命的力量简直就是所向披靡。

　　我有位朋友，突然间查出患了癌症。当他最终明白生命于他只以小时计算时，他才由衷地感到生命对于他的重要。一种求生的本能终于让他拿出令他自己也吃惊的勇气。他不再自暴自弃，每每唱着歌接受化疗。

　　奇迹出现了，他不仅在医生宣判"死刑"后还活了整整 20 年，而且，他至今仍好好地活着。

　　朋友便这么战胜了病魔，与其说这是医学的奇迹，还不如说是生命力量创造的神话。

（刘秀水）

149

一个人的时候

> 或者说在我生命中永远不再来的青春里我居然耽搁得起一段时光的流逝，我实在还很富有啊……

记得小时候，极不喜欢一个人独处。偶尔遇上大人出门迫不得已要把自己留在家里，便总是又哭又闹。其实想想真是没有道理：每每这样的时候，大人总是给自己留下许多好吃的，满足许多好玩的，在你耳朵里软软地塞进许多好听的。我那时就是横竖的不依。或者是因为做小孩子的离开大人总无缘地有些恐慌，又或者小孩子的离开大人总无缘地有些恐慌，又或者小孩子本来就不懂或者不知道享受寂寞。

长大了，就全然不是那么回事了。一个人的时候，就觉得满有了意思。如果一个人享受温馨抑或浪漫当然很有诗意，问题是不是所有一个人的时光都能这样，但是，一个人享受惆怅和凄惶也是很深刻很艺术的呀！

读大学的时候有个同窗，很喜欢一个人踅到一家小酒馆喝闷酒。日子长了同学都说他穷抠。后来，系里一位女同学患白血病，他一下子就掏出百元。我们这才猛地去想一个人喝酒是否比众人吆五喝六要来劲一些？再后来读了他发表的好多诗，就揣想他或许是个小李白，无酒不成诗的。

我有个十五岁的侄子，长得比我高半头，我说你其实心没有长大还好纯真好可爱的。他也就果真在我面前事事处处都表现得透明可爱的样子。让他爸爸评判起来就全然不是那样：他一个人的时候让我怎么放心！我怎么知道他在外面交怎样的朋友？一个人关在房里胡乱捣弄些什么？这样就很容易地让我知道了孩子让他不放心的道理：有些事情你越担心好像越会发生。事实上不是所有的原因都是带来必然的结果。正像一些事情原本简单得像一杯水，你神秘地来看它反而成了秘密。如果你继而绞尽脑汁地去探求，别人甚至便会觉得有了珍藏的必要，你说奇怪了?!

人大了，别人看你便有些神秘。你一个人的时候，让人怎么去想你，也应该是丰富的有格调的。比如说一个人的时候深刻地读些书，优雅地弹弹钢琴，托着脸很辩证地思考一下人生，要不把一个家作为一幅画有审美层次的装潢一下。可是，问一问自己，你一个人的时候你又真正地在干一些什么?

我不知道我是不是活得很简单。总之，我一个人的时候我觉得我很简单。也许在别人的视野里活着，我努力做得很好的一些言行恰恰是我心灵拒绝的。一个人的时候便是我心灵回到自然的时刻了。

一个人的时候，我喜欢对着家里那面有些古朴意味的大圆镜去看镜子里很现代的我。看着看着心就有些沉重，因为自己的年轻一天一天逝去。这时候免不了对着镜子扮一个很童稚的鬼脸，让一个遥远了的童年又清晰起来。

一个人的时候，我喜欢很轻松地捧着咖啡没完没了地听那些红歌星唱的流行歌曲，因为和人相聚的时候我总是说最让我陶醉的是古典音乐。

一个人的时候我喜欢在阳台上呆呆地望天。我知道天永远地没有表情，而我的心却总是难得有那么片刻的娴静。

甚至，一个人的时候我喜欢很慵懒的睡觉，入睡前我总是在想：在所有的人摆脱不了忙碌或沉浸于快乐的时分，我一个人却以最宁静的心态安然地睡着，这实在与平常的睡眠不同，或者说在我生命中永远不再来的青春里我居然耽搁得起一段时光的流逝，我实在还很富有啊……

一个人的时候我确实很简单，因为不深刻了，我也就比较地不孤独。谁说不是呢，一个人终归简单的是心，不简单的是语言和表情。我曾问我一个很深刻的朋友是不是这样，他第一次带真诚的深刻说："还真是这样呢！"为此，我的心好长一段时间为我甚至在一个人的时候也活得简单而灿烂不已。

（邓皓）

总有一种力量让我们感动

总有一些东西让我们感动，总有一种情感让我们情不自禁。

他是我的一位采访对象。报社搞了一个资助特困大学生的系列报道，安排我们去采访，学校便推荐了他。那天下午，当我们在那个贫困的山村找到他时，他正在地里干活。尽管只有二十岁，但晒得黝黑黝黑的，一握手生疼——他满手老茧。

许多人都跟在我们后面去他家，他是家里考上的第三个大学生，两个哥哥都还在大学里读着，今年他又考上了大学，但学费无论如何是拿不起了。

走着走着，一位抱着孩子的大嫂轻轻地拉住我，悄声说："他妹妹是捡的。有病，恶性肿瘤，怕是不行了。你们可千万别问，别给她说。"我觉得很纳闷，为什么不能说呢？

他的家里真的是家徒四壁，惟一的家用电器是房梁上悬着的不紧不慢的风扇。他的父亲告诉我们，那是因为小梅有病在家里打吊瓶怕她热才买的。小梅就是他的妹妹。我这才注意到坐在角落里那个腼腆的一脸愁容的小姑娘。

他的母亲边说边流泪，家里喂的两头猪因为没有院墙被贼药死了，本来那是给女儿看病的一线希望。现在孩子又考上了大学，上万元的学费哪里去借？愁都愁死了。

我试着跟小梅说话，问她怎么了？她怯怯地说肚子疼，两个月前在医院里做手术割出了两斤多重的肿瘤。家里没钱住院了，就出院在家里养着。哥哥们很疼她，大哥和二哥虽然上着大学，假期里都打工去了，连过年都没有回家。三哥今年又考上大学了，还要交钱。"不行就别给我看病了，省点钱给哥哥上大学吧。"她叹息道。

"别胡说！大学我不上了，我和大哥、二哥都不上了，也要给你看病！"他打断妹妹的话，把手轻轻地放在她的头上。

他告诉我，今年他填报的大学志愿都是医学院，他想等他大学毕业了，就可以给妹妹治病，能省很多的医疗费。但是，他不知道妹妹能不能等到那一天。他还说自己能不能上大学真的无所谓，就是不想失去妹妹。妹妹才十一岁，就受了那么多苦，小的时候就是爸爸妈妈捡的，小梅从小到大都生活在一个善意的谎言之中，没有人告诉她：她是父母捡来的，她心安理得地享受着父母和哥哥们给予的爱，享受着这个贫困家庭的快乐、痛苦、忧伤。如果是因为自己上大学而耽误了妹妹的病，他将永远无法原谅自己。上高中的时候，他在集市上看到一件粉红色的小褂非常适合妹妹穿，他就用生活费给妹妹买了，没有钱吃饭，别人吃饭的时候，他就在寝室里蒙头大睡，为的就是看到妹妹苍白的小脸泛着笑容。说到这儿，他哭了……

尽管如此，他们并没有我们想象的那么悲观。

他的父母说无论多难，都要让孩子上学，都是自己的孩子，手心手背都是娘的肉，孩子是他们的希望：哥哥们都好好地干着，因为治好妹妹的病是他们的希望；而妹妹的希望就是让哥哥们都上好大学，以后能替家里早日还上债……一家人都有希望，都在希望中温暖自己的生命历程。

小梅喜欢吃枣，家里就栽了一棵枣树，大家都说：等到枣树长大的时候，小梅的病就好了，家里也好了，不欠债了，哥哥们都娶上了媳妇……站在枣树下，我突然觉得有一种东西流下脸庞，本来极度贫困的家庭，为什么要把自己的所有给一个毫无血缘关系的孩子造一个生的希望？

这源于他们对生命的渴望，对生活的热爱，无论什么样的艰难都遮挡不了他们这种朴素的理想。

在这个世界上，总有一些东西让我们感动，总有一种情感让我们情不自禁。

（杨国华）

那一个灵魂在痛苦挣扎

幼儿园的老师说了，能改错的孩子就是好孩子。"

希望总是在绝望的时候出现。当这则特殊的寻人启事出现在那不勒斯市的报纸上后，一个30岁的酒店老板的心中起了波澜。他是个黑人，叫阿奇里。1992年5月17日，在他的生命中经历过这样一个噩梦般的雨夜，他就是那个故事的主角。没人能想到如今腰缠万贯的阿奇里曾经是个被人呼来喝去的洗碗工。由于父母早逝，没有读多少书的他很早就工作了。聪明能干的他希望用自己的勤劳换取金钱以及别人的尊重，但不幸的是他的老板是个种族歧视者，不论他如何努力，总是对他非打即骂。1992年5月17日，那天是阿奇里的20岁生日，他打算早点下班庆祝一下生日，哪知忙乱中打碎了一个盘子，老板居然按住他的头逼他把盘子碎片吞掉。阿奇里愤恨地给了老板一拳，冲出餐馆。怒气未消的他决定报复白人，雨夜的路上几乎没有行人，在停车场他遇到了玛尔达，出于对种族歧视的报复，他无情地强奸了那个无辜的女人。事后，阿奇里惶恐不安。当晚他用准备过生日的钱买了一张开往那不勒斯的火车票，逃离了瓦耶里。在那不勒斯，他交了好运。阿奇里顺利地在一个美国人开的餐馆找到了工作，那对美国夫妇很欣赏勤劳肯干的他，还把女儿丽娜嫁给了他，最后甚至把整个餐馆委托他经营。几年下来，精明的他不但把餐馆发展成了一个生意兴隆的大酒店，还有了三个可爱的孩子。在员工和家人眼里，阿奇里是个好老板、好丈夫、好父亲。然而他一直没有忘记自己犯下的罪恶，他祈祷上帝保佑那个被他强奸过的女人，希望她能平安无事。但他从没把心底的秘密告诉过任何人。

那天早晨，阿奇里反复将那条新闻看了好几遍，他觉得自己正是那个被寻找的强奸犯。他万万没有想到，那个可怜的女人竟然怀孕了，并抚养了本不属于她的孩子。这天，阿奇里几次想拨通安德烈医生的电话，但每次电话号码还没拨完，他就挂断了电话。阿奇里在挣扎着：如果自己站出来承认这一切，人们将知道他最丑陋的一面，他的孩子将不再爱他，他会失去幸福的家庭和美丽的妻子，也会失去人们对他的尊重。这一切是他辛苦奋斗多年换来的啊！那天晚上吃饭的时候，全家人和往常一样议论着报纸上有关玛尔达的新闻。妻子丽娜说："我非常敬佩玛尔达。如果换了我，是没有勇气将这样一个孩子养大的。我更佩服玛尔达的丈夫，他真是个值得尊重的男人，竟然能够接受一个这样的孩子。"阿奇里默默地听着妻子的谈论，突然问道："那你怎么看待那个强奸犯？""我绝对不能宽恕他，当年他就已经做错了，现在关键时刻他又缩着头。他实在是太卑鄙、太自私、太胆怯了！他是个胆小鬼！"妻子义愤填膺地说。阿奇里怔怔地听着，不敢把真相告诉妻子。那天晚上，由于5岁的儿子不肯睡觉，阿奇里第一次失手打了他一耳光。儿子哭着说："你是坏爸爸，我再也不理你了。我不要你做我爸爸。"阿奇里的内心被猛烈地撞击了一下，他一把抱住儿子，说："对不起，爸爸再也不打你了。爸爸错了，你原谅爸爸好吗？"说到这里，阿奇里竟然流泪了。儿子被吓坏了，刚刚开始懂事的他赶紧安慰阿奇里："好吧，我原谅你了。幼儿园的老师说了，能改错的孩子就是好孩子。"

一夜未眠的阿奇里觉得自己仿佛在地狱里煎熬，眼前总是交替出现那个罪恶的雨夜，和那个女人的影子。他仿佛能听到那个女人的呼唤声和哭泣声。他不断地问自己："我到底是个好人，还是个坏人？"然而听着身旁妻子均匀的呼吸，他就失去了站出来的勇气。第二天早晨上班的时候，员工们亲切地向他问好："早上好，总经理先生！"他脸色苍白地一一回礼，心底满是尴尬和羞愧。阿奇里觉得自己快要崩溃了！

（佚名）

七个铜板

那是泪，是我母亲的泪，是她宝贵的、圣洁的泪。

穷人也可以笑，这本来是神明注定的。

茅屋里不但可以听到呜咽和号哭，也可以听到由衷的笑声，甚至可以说，穷人在想哭的时候也是常常笑的。

我很熟悉那个世界。我父亲所属的苏斯家族的那一代经历过最悲惨的贫困。那时，我父亲在一家机器厂打零工。他不夸耀那个时代，别人也不，可是那时候的情景是真实的。

在我今后的生活中，我再也不会像在童年短短的岁月中笑得那样厉害了，这也是真实的。没有了我那笑得那么甜蜜，终于笑到流眼泪，笑到咳嗽得几乎透不过气来的、红脸盘儿的、快活的母亲，我怎么会笑呢？

有一次，我俩花了整整一个下午来找七个铜板，就是她，也从来不曾像那一次笑得那么厉害。我们找寻那七个铜板，而且终于找到了。三个在缝衣机的抽屉里，一个在衣橱里……另外几个却是费了更大的劲才找出来的。

头三个铜板是我母亲一个人找到的。她希望在缝衣机抽屉里再找到几个，因为她时常给人家做点针线活，赚来的钱总是放在那里面。在我看来，那个缝衣机抽屉是个无穷无尽的宝藏，只要伸手就能拿到钱。

因此，我非常奇怪地看着我母亲在抽屉里边搜寻，在针、线、顶针、剪子、扣子、碎布条等等中间摸索，又突然大惊小怪地叫了起来："它们都躲起来啦！"

"谁呀？"

"小铜板哪。"我母亲笑着说。她把抽屉拉了出来，"我的小乖乖，不管怎么样，我们得把这些小坏蛋找出来。呵，这些淘气的，淘气的小铜板！"

她蹲在地板上，把抽屉放下来，像是怕它们会飞掉。她又像人家用帽子扑蝴蝶似的突然把抽屉翻了个身。

看她那个样子，叫你不能不笑。

"它们就在这儿啦，在里头啦。"她咯咯地笑着说，不慌不忙地把抽屉搬起来，"假如只剩一个的话，那就应该在这儿。"

我蹲在地板上，注视着有没有晶亮的小铜板悄悄地爬出来。可是，那儿没有一样东西蠕动。事实上，我们也并不真的相信里面会有什么东西。

我们彼此望望，觉得这种儿戏可笑。

我碰了碰那个翻了身的抽屉。

"嘘！"我母亲警告我，"当心，会逃走的啊。你不晓得铜板是个多么灵活的动物，它会很快地跑掉，它差不多是滚着跑的。它滚得可快哪……"

我们笑得前仰后合。我们从经验中知道一个铜板多么容易滚走。

当我们平静下来的时候，我又伸出手去翻转抽屉。

"哦！"我母亲又叫起来。我吓得连忙把手缩回来，好像碰到一只火辣辣的炉子。

"当心，你这个小败家精！干吗急着把它放走呀！只有它藏在下面的时候，它才是属于我们的呢。让它在那儿多待一会儿吧！你瞧，我要洗衣服，得用肥皂，可是肥皂起码要花七个铜板才能买到，少一个就不行。我已经有三个了，还差四个。它们都在这小屋子里，它们逗留在这儿，但是它们不喜欢人去惊动。假如它们生了气，它们就一去不回了。当心，钱是很敏感的，你得很巧妙地对付它，要毕恭毕敬地。它像少妇一样容易气恼。你不是会唱迷人的曲儿吗？也许我们可以把它从它的蜗牛壳里逗出来呢。"

天晓得我们在这唠叨不休的谈话中间笑得多起劲。不过那的确是非常好笑的。

"铜板叔叔快出来，你的房子着火啦！"我一面说，一面就把它的房子翻过来。

下面是各种各样的破烂儿，就是没有钱。

我母亲噘着嘴在乱翻，但是毫无结果。

"多可惜呀，"她说道，"我们没有桌子。假如把它倒在桌面上，我们就可以做得更隆重了，并且我们一定会从下面找到一些什么的。"

我把那堆破烂儿抓在一起，放回抽屉里。这时我母亲正在寻思。她绞尽脑汁想她是不是曾经把钱放在别的什么地方，但是她什么也想不出来。

不过，我的心里倒动了一个念头。

"亲爱的妈妈，我知道一个地方有一个铜板。"

"在哪儿，我的孩子？我们快把它找出来吧，别让它像雪一般融掉。"

"玻璃橱里，在那个抽屉里。"

"哦，你这倒霉孩子，亏了你早先没有说出来！不然，这时一定不在那里了。"

我们站起来，走到早已没有玻璃的玻璃橱前，还好，我们在它的抽屉里找到了那个铜板，我知道它一定是在那里的。这三天来，我一直准备把它偷走，就是不敢。假如我敢偷的话，我一定拿它买了糖啦。

"得，我们已经有四个铜板了。打起精神来吧，我的小宝贝，我们已经找到一大半了，再有三个就够了。我们既然花了一个钟头找到了这一个，到下午喝茶的时候，我们就可以找到那三个了。尽管那样，在天黑以前我还可以洗不少衣服呢。快点儿吧，也许其余的抽屉里都有一个铜板呢。"

每个抽屉里要都有一个可好了！那就真的了不起！这个老橱柜在它年轻的时候曾经收藏过很多东西。但是，在我们家里，这个可怜的家伙却不曾放过很多东西；难怪它变得那么破烂，生了虫，到处是窟窿了。

我母亲对每一个抽屉都唠叨一番。

"这一个抽屉豪华过一阵！那一个从来没有过东西！这一个呢，永远是靠借债度日的！唉，你这缺德的可怜的叫化子，你连一个铜板也没有吗？这一个不会有什么东西了，因为它在守护我们的穷神。假如现在不给我一点东西，你就永远别想有一点东西了，这是我惟一的一次向你要东西！瞧，这一个最多！"她笑着叫道，拉出那个连底也没有了的最下一层的抽屉。

她把它套在我的脖子上，于是我们坐在地板上，放声大笑。

"别笑了，"她突然说道，"我们马上就有钱了。我就要从你爸爸的衣服里找出一些来。"

墙上有些钉子，上面挂着衣服。你说怪不怪，我母亲把手伸进头一个口袋，就马上摸到了一个铜板。

她简直不相信自己的眼睛了。

"瞧，"她叫道，"我们找着了！我们已经有多少啦？简直数不过来了！——二——三——四——五，五个！再有两个就够了。两个铜板算什么？算不了什么。既然有了五个，另外两个没有疑问就要出现的。"

她非常热心地搜寻那些衣袋，可是，天哪，什么结果也没有。她一个也找不出来了。就连最有趣的笑话也没法把另外两个铜板逗出来了。

由于兴奋和辛苦，母亲的两颊已经泛起两朵红晕。再不能让她干下去了，因为这样会叫她马上害病的。这当然是一件例外的工作，谁也不能禁止谁找钱哪。

下午喝茶的时候到来了，又过去了，夜不久就要来临。父亲明天需要一件衬衫，可是我们没法洗，单是井水是洗不掉油污的。

这时，我母亲拍了拍前额。

"哦，我有多么傻！我就不曾看看我自己的衣袋！既然想起来了，我就去看看吧。"

她去看了一下，你相信吗，她真在那里找着了一个铜板，第六个。

我们都兴奋起来，现在只缺一个了。

"把你的衣袋也给我看看，说不定那儿也有一个！"

我的衣袋！我可以给她看的，里边什么也没有。

到了晚上，我们有了六个铜板，可是我们真好像一个也没有一样。那个犹太人不肯放账，邻居们又像我们一样穷，也不能向人家讨一个铜

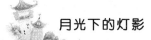

板啊！

除了打心坎上笑我们自己的不幸以外，再也没有别的办法了。

这时，一个叫化子走了进来。他用歌唱的调子发出一阵悠长的哀叹。我母亲笑得几乎昏过去了。

"算了吧，我的好人，"她说道，"我在这儿糟蹋了一下午，因为需要一个铜板，少了它就买不到半磅肥皂。"

那个叫化子，一个脸色温和的老头，瞪着眼睛看着她。

"一个铜板？"他问道。

"是的。"

"我可以给你一个。"

"这还了得，接受一个叫化子的布施！"

"不要紧，我的姑娘。我不会短少这一个铜板的。我短少的是一铲子土，有了这，就万事大吉了。"

他把一个铜板放在我的手里，然后满怀着感恩的心情蹒跚地走开去了。

"好吧，感谢上帝，"我母亲说道，"再没有……"

她停了一会儿，然后大大发出一阵笑声。

"钱来得正是时候！今天再也洗不成衣服了。天黑了，我连灯油也没有！"

她笑得透不过气来。这是一种可怕的、致命的窒息。她弯着腰把脸埋在手掌里，我去扶她的时候，一种热乎乎的东西流过我的手。

那是泪，是我母亲的泪，是她宝贵的、圣洁的泪。我的母亲呀，就连穷人中间也很少有人像她那样会笑的。

（佚名）

病房里的感动

　　那一夜，大家都没有再睡，大家都被感动着，被那孩子感动着，被孩子的母亲感动着。

　　晚上9时，医院外科3号病房里新来了一位小病人。小病人是个四五岁的女孩。女孩的胫骨、腓骨骨折，在当地做了简单的固定包扎后被连夜送到了市医院，留下来陪着她的是她的母亲。

　　大概因为是夜里，医院又没有空床，孩子就躺在担架上放在病房冰冷的地板上。孩子的小脸煞白，那位母亲一直用自己的大手握着孩子的小手，跪在孩子的身边，眼睛一眨也不眨地盯着孩子的脸。

　　"妈妈，给我包扎的叔叔说过几天就好了，是不是？"

　　"是！"母亲的脸上竟然挂着慈爱的笑，好像很轻松的样子。

　　"妈妈，那要过几天？"孩子的声音很小。

　　"用不了几天，孩子。"

　　孩子没有说话，闭上眼睛，眼泪流了出来。

　　过了一会儿，孩子说："妈妈，我疼！"

　　母亲弯下身子，把自己的脸贴在孩子的小脸上，用自己的脸擦干孩子的泪水。当她抬起头的时候脸上依然挂着那种轻松的慈爱的笑："妈妈给你讲故事好吗？"孩子点点头，眼泪还是不停地流下来。

　　母亲讲的故事很简单：大森林里的动物们都来给大象过生日。它们各自都送给大象珍贵的礼物，只有贫穷的小山羊羞怯地讲了一个笑话给大象，大象却说，小山羊给大家带来了欢乐，它的礼物是最值得珍惜的。

　　不知道母亲为什么选了这样一个故事。孩子的眼睛亮起来，她一边用手抹眼泪，一边用快活的声音说："妈妈，它们有蛋糕吗？我过生日的时候你是不是也会给我买最大的蛋糕？"

"当然要买蛋糕，等你好了，出院的时候我们就一起去买蛋糕。"母亲的声音那样轻快，孩子也笑了。

"妈妈，再讲一遍。"于是，母亲就一遍一遍地讲下去，她的手一直握着孩子的小手，脸上挂着轻松的慈爱的笑。

女孩终于忍不住了，眼泪再次流下来："妈妈，我很疼！"并轻声哼起来。母亲一边给孩子擦眼泪一边问："你想大声哭吗?"孩子点点头。病房却是出奇的安静，不知道是不是大家都睡了。那时已经是夜里11多了。

"让妈妈陪你一起疼好吗?"孩子点点头又摇摇头。母亲把自己的手放在女孩的唇边说："疼，你就咬妈妈的手。"孩子咬住了妈妈的手，可是眼泪还是不停地流。

后来，孩子终于闭上眼睛睡着了，脸上还挂着泪水，母亲这时却是泪流满面。

凌晨3点的时候，孩子就从梦中疼醒了，她叫了一声"妈妈"就轻轻地抽泣起来。母亲忽然没了语言，她不知所措了，嘴里只是轻轻地叫着："我的孩子!"

"孩子要哭，你就让她大声地哭吧。"一个声音在房间里响起。"孩子你哭吧。"房间里的人一齐说。他们竟是醒着的。

母亲看着孩子的脸，说："想哭就哭吧，好孩子。"

"妈妈，叔叔、阿姨不睡了吗?"孩子哽咽着问，眼泪浸湿了她的头发。她的小脸像个天使。

屋子里能走动的人都来到了孩子的跟前，一名40岁左右的妇女拿起一个橘子，一边剥皮一边说："吃个橘子吧，小宝贝，吃了橘子，你就不疼了。"说着眼泪滚落在孩子的脸上。孩子吃惊地看着她，然后伸出自己的小手去擦阿姨脸上的泪，那女人更止不住地哭泣起来："我从来没看到过这么懂事的孩子……"

那一夜，大家都没有再睡，大家都被感动着，被那孩子感动着，被孩子的母亲感动着。有一个称职的母亲才会有这样优秀的孩子。

（张燕梅）

愿生命恬淡如湖水

　　　让生命恬淡成一泓波澜不惊的湖水，告诉自己：水穷之处待云起，危崖旁侧觅坦途。

　　睿智的庄子给我们留下一个发人深省的故事：一个博弈者用瓦盆做赌注，他的技艺可以发挥得淋漓尽致；而他拿黄金做赌注，则大失水准。庄子对此的定义是"外重者内拙"。

　　由于做事过度用力和意念过于集中，反而将平素可以轻松完成的事情搞糟了。现代医学称之为"目的颤抖"。

　　太想纫好针的手在颤抖，太想踢进球的脚在颤抖。华伦达原本有着一双在钢索上如履平地的脚，但是，过分求胜之心硬是使这双脚失去了平衡，那著名的"华伦达心态"以华伦达的失足殒命而被赋予了一种沉重的内涵。

　　人生岂能无目的？然而，目的本是引领着你前行的，如果将目的做成沙袋捆缚在身上，每前进一步，巨大的压力与莫名的恐惧就赶来羁绊你的手脚，那么，你将如何去约见那个成功的自我？

　　"目的颤抖"是因为心在颤抖。心台太低，远处的胜景便不幸为荒草杂树所遮蔽，平庸的眼，注定无福饱览那绝世的秀色；太在乎了，太看重了，结果，恐惧蛀蚀了勇敢，失败吞噬了成功。

　　"大体则有，具体则无"，把目光放得远一些，让生命恬淡成一泓波澜不惊的湖水，告诉自己：水穷之处待云起，危崖旁侧觅坦途。

　　　　　　　　　　　　　　　　　　　　　　　　　　（张丽钧）

并非所有人都为金牌奔跑

　　不论在哪种生存环境下，都"努力地活着"，使自己的生命力得到最大程度的张扬。

　　在亚特兰大奥运会上，男子马拉松竞赛中跑在最后一名的是来自阿富汗的高中生。他显然不是同场竞技者的对手，可他还是一步步地跟上，成了赛场上受人关注的人物。他对着记者递过来的话筒说："我的目的不在于拿第一或第二，而只是为了能在亚特兰大参赛。我在途中从没有想过放弃，我只是想让世人知道，我们也在努力地活着！"

　　这场竞赛的金牌得主是谁我忘了，但这个执著的中学生却让我深深折服。因为我知道在阿富汗，无休无止的战乱折磨着人们，以至让外人怀疑他们生活下去还有什么奔头。可就在这样的环境里，这个中学生在富得流油的美国亚特兰大，向所有人宣布："我们也在努力地活着！"虽说他无缘登上冠军的宝座，但他却把自己所能拥有的那份生活演绎到极致，赢得人们的敬意。在他平实的话语里，包藏着让我们深思的哲理。

　　我们总是把拿破仑"不想当将军的士兵不是一个好士兵"作为放之四海而皆准的名言。的确，这个信条在一定情况下对人是起着鼓舞作用，可是能成为将军或名人名家的毕竟只是凤毛麟角。更多的人因为自身的原因或客观环境的因素只能平凡地活着。

　　有一种人生，精彩之处恰恰是不为"金牌"而执著地奔跑，就像那位名不见经传的中学生。如果我们在生活中的确"技不如人"，那么我们至少可以做到：不论在哪种生存环境下，都"努力地活着"，使自己的生命力得到最大程度的张扬。那么在跑到人生终点时，即使我们没有摘取到"金牌"和桂冠，我们的生命同样会获得一份丰盈与无憾。

（林润翰）

良好人生

当一个人的事业、爱情、品行、心境乃至体格都能达到良好时，谁说那人生不够优秀？

有一位同事美丽而文静，说话语速总是慢慢的，音量总是小小的，但很能说到人的心底里去，你不知自己是什么时候被她看穿的。

她的业绩说不上骄人，但也无可挑剔；她嫁了相爱的普通人，日子过得波澜不惊；她不要求孩子学这学那，双休日一家三口就去游玩；她每天都要午睡，每天都做健美操，生活很有规律；她从不嫉妒荣誉加身的同事也从不鄙视薄偶犯错误的同事，只对势利小人冷眼旁观，却也不恼。她觉得他们不会有好的心态与好的结局。她心明如镜绝顶聪明，与周围一些拼尽全力却活得七上八下不尽如人意的人相比，我觉得她的人生本来还可以更为出彩，而她没有去做。

有一个非常难得的机会我们两两相对。她说起她父亲的一句话奠定了她的人生。读初中时她体质弱，任何体育活动都没法参加，学习又非常争胜好强。偶尔有一门功课得不到第一就会难过就会自责。父亲说：以你的条件，你不必追求优秀，但你可以做到良好。她听父亲的话，比较轻松地将每门功课都保持了良好，同时她的体质也恢复到了良好的状态。高中毕业她给自己的定位是考上一所普通大学。压力不重反而发挥良好，她轻松地考上了重点大学，毕业时她那专业人才极紧俏，重点大学毕业生又可以在全国范围内选择工作，她却选择了中等城市的专业对口单位，她只求离父亲近些，可以相互照料。她娓娓地讲述着这些，就如她不急不躁地构筑她的良好人生。

良好的人生肯定不被小说家与剧作家看好，因为良好人生不能构成他们的创作素材，他们更感兴趣的是——事业有成而家庭破裂，辉煌的阴影里藏匿着堕落，幸福来临却紧随着死神——有一项优秀就总有一项不及格。

生活何尝不是同样的乖戾，倘若某人的某个单项特别优秀，他人生的另一重要项目，缺憾往往也特别的大。或者是，正因有无可弥补的缺憾，才发愤地去追求优秀。

所以良好人生的境界实在已经至高。当一个人的事业、爱情、品行、心境乃至体格都能达到良好时，谁说那人生不够优秀？

（莫小米）

十六号同学

我愿意每个孩子，都是潜力无穷的"神秘的十六号"！

办公室里同事们闲聊的对象常是学生。那一年，开学不久，坐在对面的王老师新接一个班级，才没几天就听到她喜滋滋地说："我今年的运气真好！这个班的家长也挺愿意配合，班上的素质很整齐，尤其有一个学生，将来有可能成为领袖人物！"到底发生了什么大事，让王老师这么看好这个学生的未来？原来，当大部分一年级新生对学校都还不太熟时，这个学生竟然在班上发送自制的注音版学校地图。王老师展开那张稚气的手绘地图，很得意地说："我从来没遇到过这么有创意的学生！这张地图让他成为孩子王，但他一点都没有霸气，跟谁都合得来。才几天时间，就显现了十足的领袖气质，真是不容易！"王老师的运气让大家十分羡慕，"得天下英才而教之"本来就是人生的一大乐事啊！

我有点扼腕，我教自然课只教一到八班，王老师却在九班。不能教到这种天才型的学生，真有点遗憾呢！

王老师本来就是个负责认真的老师，教到这一班，更激起她百倍的爱。她不时向我们报告班上学生的动态，那个未来可能当领袖的学生，更是她的最爱。她常这样引起话题："我们班那个十六号啊……"接着说的都是十分令人感动的，不太像7岁孩子做的事。这个神秘的十六号，曾把自己的饭分一半给饭盒打翻的同学；曾义正辞严地指责嘲笑别人跌倒的同学；曾在王老师感冒失声时，默默地泡一大壶胖大海加菊花……

我们已经习惯把这个十六号称做王老师的"宝贝"。据王老师说，十六号的爸爸只是退伍老兵，已六十岁了，妈妈又是领有残障手册的小儿麻痹症患者。在家里爸妈几乎没时间管他，这个十六号还是样样比人强，每次谈到这儿，我们都不免感叹上天的安排：有的父母得花许多钱送孩子东学西学，深恐孩子输在起跑点，但是孩子却像扶不上墙的软泥，一没人叮咛就全然失控。十六号的父母为生活奔波，忙得根本没时间给孩子"加强"，但十六号的表现却是那么的好！

第二学期，原来教王老师班自然课的秦老师请假，为了亲眼目睹这个神奇的十六号，我自告奋勇教他们班的自然课。第一堂课点名时，我仔细地看了看十六号。他穿着簇新的衣服，一副无精打采的模样，让人非常失望。这真的是王老师的宝贝十六号吗？再一次仔细看看他的名牌：10916，没错啊！就是让我如雷贯耳的十六号！我简单地问了几个上学期应该教过的概念，很多学生都举手发言。我一直很期待十六号的回答，可是他从头到尾只会呆呆地坐着，一双无神的眼睛盯着自己衣服上的纽扣。难道王老师一整个学期的描述都是虚构的？我绝对不敢相信！没有任何一个老师会做这么无聊的事！

不用几天，我就发现：这个十六号简直是恶魔的化身！我几乎每节课都要调停他和同学间的纠纷：一下子是未经许可拿同学的东西，一下子是粗手粗脚碰到同学却不肯承认。他似乎非常容易动怒，一生起气来，周围的同学都遭殃。我对孩子的容忍度已经算高的，但也已经气得快打人。有几次我无计可施，只能从他背后紧紧地抱住他，希望他别又对同学动手动脚。我可以感觉到他原本僵硬的身体，在我的怀里慢慢地放松，从我怀里挣脱出去后，他会较为安分些，但也不能维持太久。上过几堂课，我心中的疑惑已经多得快把我淹没，我实在不敢问王老师是怎么一回事？我很谨慎地回答王老师询问的问题："我们班还好吧？有没有什么问题？"我很留意地观察王老师的容颜，在她的脸上，看不出特别的烦躁，我无法从中推断十六号是否也造成了她的困扰。因为参加研习中心的一项长期研究计划，所以这一学期我很少在办公室待着。不是去上课，就是去找资料，我很少再加入办公室中分享经验的对话，所以也没再听到十六号神奇的事迹。另一方面，我实在不好意思问：为什么十六号的表现这么差？我总会想到"橘逾淮而北为枳"的典故，按照理论，从学生可以看到老师的影子。十六号如果真的在王老师面前和在我面前有这么大的差异，那不是表示我教得不够专业？一想到这点，就让我心里非常不安。我像穿新衣的国王，生怕别人戳破谎言，发现真相，知道真正的问题是在我身上。

　　我有些后悔接了秦老师的工作，如果不接，也许我可以多两节备课的时间，也许我可以听到更多有关十六号的"报道"。可以确定的是，我一定不用常常生自己的气，气这个十六号打断我上课，把我的教室弄得鸡飞狗跳。然而，我从来不是一个轻易放弃的老师，既然问题是出在我的身上，就得在别人发现前赶快补救，我想好好改变我的态度。于是，我对十六号用了加倍的心力，两节课的下课时间，我把他叫到身边。有时不断地逗他说话，有时请他帮我做事情。当我提出一个问题时。我总会把眼神转向他，一种非常温柔、期待的眼神。我的问题不难，又在提问时加了许多暗示，答案几乎是呼之欲出。其他的同学老早举着手挥舞着，急切地希望我赶快点他们起来发言。我常把教室的气氛弄得像一锅沸腾的水，因为我在等，希望十六号能主动举手发言，恢复他应有的表现。终于，有一天十六号举起了手，我像中了大奖一样，赶紧请他站起来说一说。天啊！真不愧是王老师的宝贝，他回答得非常好，我忍不住请全班为他鼓鼓掌！

有了这一次的打破僵局，我和十六号之间逐渐建立了信任。我知道他家没有很多的钱买课外书，就把自己买的《科学童话》借给他。我不经意地问他书中的内容，他都能一一回答。当他把我这套书都看过了，我教他可以到图书馆借书。隔了一个星期，他捧着自己借的书给我看，自告奋勇地说，愿意在课堂中讲一个有关影子的故事。就像磨合过的汽车，我们之间的沟通越来越顺畅。我隐约感觉到他很喜欢我，也很愿意在我面前有好的表现，这点让我十分欣慰。有一次，我摸摸他的头，随口问了句："是谁帮你洗头的呀？"下一次的自然课，他像一只甜蜜的小猫倚在我身边说："老师你摸摸看，昨天是我自己洗头的喔！"看着那个小小的头颅，我想到这几个月驯服他的过程，心中产生了许多想法。还好，我终于找到了问题的所在，不然传出去说我把别人的资优生教成问题学生，那是多么丢脸的事啊！

　　我承认我对十六号是有点偏心，但对一个好学生有偏爱的心是应该的。自从他恢复了该有的水准，班上的气氛好极了，我教起来很有成就感。我渐渐能体会到王老师津津乐道的原因，现在连我也忍不住想把心中的得意告诉别人呢！

　　学期结束时，我要学生做两张图文报告。才一年级的孩子，我不敢要求太多，只要他们能正确地剪取报章或杂志的资料，端端正正地贴到资料本上，然后写一段短短的心得报告就好。我把所有班级孩子的作业堆在桌上，如果真要仔细看完这些作业，得花许多时间，我只能走马观花地浏览过去。但是我忍不住被十六号的作业吸引住了。这一学期他看了不少课外书，他的报告竟然是十篇读书心得。他用充满童心的语气写下了对一些动物故事的看法，还画上美丽的插画，这已经不是简单的短文，而是一篇篇精彩的文学作品。我忍不住把这份作业拿到王老师面前，夸赞她的十六号。

　　谁知王老师一脸茫然，仿佛完全不知道我说什么。我把作业推到她面前，提醒她："你说过的呀！那个你的宝贝呀！会自动把东西和别人分享，很有领袖气质的十六号呀！"王老师了解了，不过她张大了嘴，很惊讶地说："你说那个十六号呀？那是上学期的事了。那个十六号转学了，来了一个转学生，因为正好是男生，我就把他安插在十六号上。这个十六号是个适应不良的问题学生，在前一个学校呆不住才转来的，和原来的那个十六号完全两样。他刚来的时候，只要他一进教室，全班同学就开始神经紧张。好几个老师都向我反映过，只有你没来告过状。我吓也吓了，骂也骂了，还送去训导处两次。我和他家长天天通电话，都快烦死了。后来不知怎么一回事，他慢慢变好了，应该是渐渐能适应学习生活了吧？"王老师接过作业，看了看说："这真的是他做的吗？他写在联络本上的生活小记，也没写得这么好呀！"

王老师不敢相信地翻着作业，长久以来在我心中的疑惑终于一点一点解开：原来两个学期的十六号是不同的人呀！我在学期初见到的"暴乱"场面，也并不是针对我的，我在毫不知情的情形下，竟然拥抱着一个这么大的秘密！我决定不把事情对王老师说得更清楚，毕竟这是我自己的秘密。从那次以后，每当遇到表现失常的孩子，我总是抱着期待，始终坚定地相信，只要哪天能揭开蒙在他外表的那层伪装，得到孩子诚心的信任，一切都会有转机。我愿意每个孩子，都是潜力无穷的"神秘的十六号"！

（佚名）

两张欠条

每当遇到困难时，我就会想起那年暑假的那个黄昏，想起年迈的父母孤立无援的样子。

在每个人成长的道路上，总会有一些刻骨铭心的瞬间占据着我们心灵深处最宝贵的位置。因为时常是这一瞬间，使我们突然意识到了某种责任，懂得了一些简单而深刻的道理，从而深深地影响着我们的一生。

在我二十一岁时，在两张欠条上写下自己名字的那一刻，我突然明白了"责任"两个字的深刻含义，心理上变得成熟起来。

我的老家在黔北山区的一个小山村，祖祖辈辈都是地里刨食的农民。当年我考上大学后，为了支付昂贵的学费和生活费，父亲母亲被迫跑到贵阳，从事着在当地人看来是最低贱的工作——收破烂。

大三暑假，我在大学后第一次回家，父亲母亲明显地比三年前老了许多，但看到我回来，脸上都荡漾着说不完的喜悦。

那是一个黄昏，我们一家人正坐在院坝里吃晚饭。突然，两个比我大七八岁的一高一矮的年轻人出现在我们面前。父亲母亲显得有点紧张，急急忙忙招呼他们坐下来，拿出碗来准备叫人家一起吃饭。凭我的直觉，这是两个不速之客。

母亲悄悄把我拉到一边，细声说道："小明，你先到隔壁邻居家去会儿，爸爸妈妈和这两个客人有点儿事情。"我没有去邻居家，而是直身走进屋去，躲在门背后偷听他们的谈话。

开始的时候，那两个人都还很客气，大叔大婶地称呼我父亲母亲。接着，语气变得越来越强硬，最后差不多快争吵起来了。

我也听出大概是怎么回事。原来，一年前，我母亲在贵阳生了一场重病，急需一万元去医院，当时父亲没有那么多钱，就只好分别向他们借了五千元。由于急，当时也没有写什么借款字据。这次父亲母亲回老家，没有事先通知他们一声，他们还以为我父亲母亲想一走了之，不再回贵阳了，所以便特意大老远找来了。

父亲一边解释，一边和他们商量着说："这钱是我们借的，绝对不会赖账，可是我手头现在只有四百多块。要不，我先给你们写张欠条，一有钱就给你们送到家去，好吗？"高个子男人突然大声吼起来："你瞧瞧你自己，都已经五十多岁的人了，靠你收破烂挣那几个钱，何年何月才能够还得上？你写欠条等于白纸一张，顶个屁用，今天无论如何得给我们一个说法！"父亲半响没有再说一句话，只顾一口一口地吸着烟。母亲端着饭碗坐在桌子边，筷子捏在手里，头埋得很低。

这时候，我拿出杯子，倒上两杯茶，端过去放在他们面前，然后说道："两位大哥，你们刚才说的话我都听见了，我爹妈的确是不能还这笔钱了，可是他们还有我这个儿子，我能！父债子还，如果两位大哥信得过我，就让我来写这两张欠条，我保证在我工作以后半年之内还清……"我的突然出现，是所有人都没有想到的，空气一下子凝固了。那两个人看到我的学生证，知道我正在读大三后，才让我代替父亲写下了两张各五千元的欠条。

当我握着笔在纸上写下"今欠某某人民币五千元……"时，我才发觉，那几行简简单单的字，写起来竟然是那样的沉重，仿佛双手正被什么东西紧紧拽着。在最后的落款上，他们还叫我按上了手印。

送走了这两个不速之客，一家人坐在饭桌前，都默默无语，母亲的眼泪在眼眶里打起了转。还是父亲先说话："爸妈没本事，非但不能够让你安心读完大学，还叫你没毕业就先背上了一万元的债务……"

我打断了父亲的话："爸，我是你们的儿子，你们含辛茹苦把我拉扯大，还这笔钱，是我义不容辞的责任！爸、妈，你们尽管放心，我已经不再是孩子了，相信我，只要有我，就有好日子等着你们！"

虽然离开学还有半个多月的时间，但第二天我就迫不及待地坐上了回西安的火车。因为我已经告诉父亲母亲，从此以后再也不要给我寄一分钱了，我要打工供自己读书！

此后，每当遇到困难时，我就会想起那年暑假的那个黄昏，想起年迈的父母孤立无援的样子，立时我便有了战胜困难的勇气——从那一刻起，我已经长大成人了！

（西部阳光）

原来你爱我的方式不同

"你不是最好的，但，我只爱你！"

我告诉你说："我的车子坏了，我走了半小时的路才走到车站。"本来我以为你会关心说：怎么不坐计程车，你累不累？但，你说：反正很近，你也顺便减肥。我生气，觉得你不爱我、不关心我。第二天，我发现了留在桌上的你的车钥匙，以及为我准备的丰盛早点。我才发现，原来你是爱我的，只不过你不说，这是你爱的方式，跟大家不同。

我告诉你说："我想要去北海道、荷兰等国家欣赏那一大片壮观的花海。"本来我以为你会关心说：你想去哪儿？我们来计划计划，即使是敷衍几句了事也好。但你说：真是无聊，花大把的银子去那种无聊的地方。我生气，觉得你不爱我、不懂我。后来，我发现家里的旅游杂志，不管是国外还是国内的报道，只要是有赏花介绍的那一页，页角就有折痕，页面就有你的笔记。我才发现，原来你是爱我的，只不过你不说，这是你爱的方式，跟大家不同。

我告诉你说："我的头发掉得很严重，可是医生都说没什么，我真怕我会变成秃头。"本来我以为你会安慰我说：你头发看来还是很多。但你说：这才知道你的头发乱掉啊，家里地板上都是你的头发，很脏。我伤心，觉得你不爱我、不在乎我。后来，我发现家里地板上越来越少有我的掉发，我以为我不再掉头发了，也就不再担心变成秃头了。但，在你出差的那几天里，我才发现地板上头发又变多了，垃圾桶里也找到了一堆用报纸覆盖住的毛发。我才发现，原来你是爱我的，只不过你不说，这是你爱的方式，跟大家不同。

我告诉你说："我跟朋友出去，晚上会晚点回来。"本来我以为你会关心我说：跟谁出去？小心点，记得拨电话或早点回家等等。但你说：

随便你，你高兴就好。我生气，觉得你不爱我、不关心我。后来，我负气半夜 3 点回家时，我看到你在沙发上的睡容。我才发现，原来你是爱我的，只不过你不说，这是你爱的方式，跟大家不同。

我告诉你说："这是我为你挑选的外套，从去年换季就买了，藏了一年，现在新的冬天将来，我将这一季的第一股温暖献给你。"本来我以为你会感激地回答我说：谢谢你，亲爱的，这是我一季的温暖也是一辈子的回忆。但你说：还不是捞换季大拍卖的便宜。我伤心，觉得你不爱我、不懂我。后来，冬天过了，春天的脚步走到了五月底，我却还常看见那件我认为爱的外套，你认为便宜的外套穿在你身上，我想了想，数了数，才惊觉那件外套几乎天天伴着你上班下班，出门进门。我才发现，原来你是爱我的，只不过你不说，这是你爱的方式，跟大家不同。

我告诉你说："我喜欢吃隔壁街角的那一家的凉面。"本来我以为你会告诉我说：那我们明天一起去吃好不好？但你说：整天就想着吃，也不想想自己的身材。我伤心，觉得你不爱我、不关心我。后来，我发现你常常买很多芝麻酱花生酱及瓶瓶罐罐。窝在厨房调一碗又一碗黑糊糊的酱，我才发现，原来你是爱我的，只不过你不说，这是你爱的方式，跟大家不同。

我告诉你说："我真高兴嫁给了你，你是最好的老公。"本来我以为你也会开心地回答我说：我也是这么觉得，你是最好的老婆。但你说：嫁都嫁了，不然你还想怎样？我生气，觉得你不爱我、不懂我。后来，我在无意中发现你开始会在睡前用卫生纸擦拭着我们床头上那张 40 寸的结婚照，然后微笑地望着照片傻笑好久。我才发现，原来你是爱我的，只不过你不说，这是你爱的方式，跟大家不同。

我想我终于懂了，在你不在乎的外表下，有颗不善用言词表达的心，一颗最爱我的心。原来你是爱我的，只不过你不说，这是你爱的方式，跟大家不同。

有人说，自你一降生就有一份天定的缘为你而生。然而人海茫茫，世界大千，生命苦短，如何才能找到那份属于你的固定的天缘？找到那个完美的伴侣呢？现代人总不能固守这份天缘，不能以易逝的青春和焦灼的心情去屏息静候，于是他（她）们常常是很勉强地接受了随风而至的她（他），却又一遍遍地把她（他）和心目中完美的设想相比，然后一次次地失望。他们不知道，懂得去珍惜身旁的和已经拥有的，其实就是最大的幸福，最真的爱情。

如果有一份执着而持久的感情和一份金玉其外但又转瞬即逝的感情，你宁愿选择哪一种？世界上有许多出色的男人和美丽的女人，然而真正属于你的感情只有一份。千万不要因为别人的眼光而改变自己的挚爱。千万不要活在别人的眼光里而失去了自己。也永远不要太贪心。感情不是梦想，就像一个笑话说的：如果有谁认为世界上有十全十美的爱情，那么这个人不是诗人就是白痴。所以，我们用心守候着属于自己的并不惊天动地的爱情。

哲学家说：爱情就是当你知道他不是你崇拜的人，而且明白他还存在着种种缺点时，却依然选择了他，不曾因为他的缺点和弱点而抛弃他的全部。是的，没有一个爱人是完美的，也没有一份感情是毫无瑕疵的，这就是真真切切的爱人和爱情。什么时候我们才能平心静气地想一想这些话，想一想我们当年苦苦追求完美的可笑和天真呢？

如果有这样一个人，他在你心目中是对的，未曾有一丝的缺点，而你敬畏但又渴望亲近他。这种感觉不叫"爱情"，而叫"崇拜"。崇拜需要创造一个偶像，就像图腾之类没血没肉的东西。而爱情不需要，爱情是真真切切可以用手去触摸、用心去体会的。

爱情是你明知他穿得像个土老帽儿，还愿意和他出去示众；是你鄙视商人而他偏偏是个可爱的小商贾；是你素有洁癖却甘愿为他洗油腻腻的饭盒、脏兮兮的球鞋。"你不是最好的，但，我只爱你！"读这句话感觉就像一对沧桑过尽的伴侣，牵着手漫步在煦暖的阳光下，满脸幸福地回忆着往事。往事已远，而追忆长留……

（佚名）

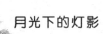

美丽的西服裙

当小小的一己之爱破碎后，真正的人类大爱才会闪耀在爱情溃灭者的眼前！

来到南方这座新兴城市，是为了爱情。我的男友早在 5 年前就来到这里。然而，当我来时，他已成为别人的新郎。

最初的悲愤过后，我首先要面对的，不是已经残破的爱情，而是——生存。

我要应聘的工作是一份公司文员的职务。

去面试的那天，我准备好应聘需要的资料后，才突然发现，自己的衣着太不齐整了，一件皱皱巴巴的外套瑟缩在我身上，像一个贫病交加的乞儿。所以我不顾囊中羞涩，决绝地走进了一家小小的时装屋。

这座城市里的衣服价格都非常凶猛，像一把把大锤，把我砸进地底。在店主热情的推销声中，我恨不得贼一般地立即逃出去。但为了工作，我还是站住了脚，并且对一件灰色西服套裙谨慎地表示了兴趣。时装屋的女老板立即热情洋溢地取下了它并不由分说地给我换上，然后对我赞叹不已。我也被试衣镜里的自己给迷住了。我相信，如果我穿着这件富有职业色彩的裙子应聘的话，那份工作百分之九十九将属于我。

可是，我该怎样才能得到这件西服套裙呢？照价付款是不行的，就是价格砍掉一半也不行。这样，就是得到了那份工作，在开始的一个月里，我也非饿死不可。

我转身，看着女老板的眼睛，一字一顿地说明了自己的困境。我说："我有身份证，我可以把它抵押给您。应聘结束后即原物奉还。当然，我会给您租借费的。您开个价吧。"

女老板愣住，打量了我老半天，缄口不言。显然，她还没有遇到过这种事。更重要的，是她该不该相信我。

我等着，一秒钟似乎比一年还长。就在我即将坚持不住、准备脱衣逃出这间时装屋时，女老板却点头了。她说："人在外面跑，谁能不遇个七灾八难的？妹子，这衣服你先穿，租借费什么的不要提了。"

我惊喜得不敢相信自己的耳朵，除了连声的道谢我什么也不会说了。我手忙脚乱地取出身份证，恭恭敬敬地递到女老板面前。女老板摇头不接："这地方身份证是不能离身的，何况你去应聘，人家首先就要看你的身份证。你还是留下吧！"

我觉得自己的眼睛湿了，令人无法相信的奇迹发生在我身上！禁不住地，我竟有了向她跪下的冲动。

当然，我没有下跪，现代人已不习惯于这种礼仪。其实我意识中的跪，不是为一个人，更不是为一件衣服，而是为人性中极圣洁的那一部分。这个小小的奇迹，也挽救了我日趋阴暗日趋危险的心态。哲人说，当一个爱情对象消失于眼前时，会有更多的爱情对象出现于视线里。那么扩大一点就是，当小小的一己之爱破碎后，真正的人类大爱才会闪耀在爱情溃灭者的眼前！有了这种大爱，小小爱情的悲欢，又有什么看不开、放不下呢？

我的应聘非常顺利，功德圆满。我相信，这与那件漂亮的西装套裙有关，更与我焕然一新的精神状态有关。

走出公司，我第一件事就是去还裙子。我要告诉女老板这个好消息，并要请她留下这裙子，等一个月后发了薪水，我就买下它收藏起来，作为人性大美的见证！

听了我的话，女老板很是替我高兴，但她却不肯收下裙子。她说："你既然打算买它，那还有必要让我替你保管吗？穿着吧！你总不能老穿着旧衣服上班吧？——钱不是问题，什么时候有了什么时候给。你应聘的事八字没一撇时我都敢把衣服借给你，现在你板上钉钉要有钱了，我还会反而对你不放心吗？"我的泪水又出来了，感动地拥住她，哽咽地叫了一声："姐姐……"

也许，在你困顿的时候，于千万人里，你也会遇到自己的"姐姐"。她和我姐姐的姓名定然一样，那就是——爱。

（佚名）

背袋里装的什么

桌子上全是信，用绳子捆好的一沓沓蓝色、白色、灰色、红色的信封我童年时经历过这样一件事，至今难以忘怀。

那是第一次世界大战期间，爸爸上前线去了，妈妈独自带着我和妹妹，住在城外的一个小村子里。

当时，我和妹妹还小，记不清爸爸的模样了，只从照片上见过。不过，妈妈总是给我们讲起爸爸。于是，我们也经常缠着妈妈要爸爸。妈妈总是哄我们说，爸爸快回来啦，因为眼看着仗就要打完了。然而，战争总是结束不了。后来，妈妈终于对我们说了实话：爸爸还在意大利前线作战。

我们的妈妈向来坚强，我从未见过她流眼泪。晚上，妈妈一封一封地给前线的爸爸写信。爸爸的信也时时从前线寄到家，灰色的信封上盖着式样各异的邮件检查机关和战地邮局的邮戳。每当妈妈接到爸爸的信时，总是一边读，一边随口讲给我和妹妹听。有一次听妈妈说，爸爸负伤住到了野战医院，伤好后再不能回前线打仗，就调到了军需机关。这样，爸爸很快就有希望回趟家，还一定会给我们背回一袋好吃的东西。

我和妹妹猜想，那袋子里装的是大块大块美丽的腌肉，在当时，那可是我们最高的奢望。于是，每个晚上睡觉前，我们都盼着父亲背着满满的一袋子又香又酥的腌肉来。

爸爸终于回来了，他把身上的背袋往墙角一放，就过来拥抱我们，袋子比我们想象的还满。我们缠住爸爸不放，和他在一起的快乐无穷无尽。爸爸浑身上下都是烟草味和朗姆酒味，他把我和妹妹抱在膝上，没完没了地逗我们，还让我们玩他胸前佩带的十字勋章和各式立功奖章，用他好久没刮过的硬胡茬扎我们的脸蛋。爸爸高兴得啥都忘了。

墙角那只又大又满的背袋吸引着我们的注意——里面装着神奇诱人的美味，最好吃的当然是那腌肉。想着想着，口水就禁不住往下流。

我和妹妹没睡着，妈妈进屋时，我俩假装睡熟了，一动不动地躺着，眯缝着眼偷偷往外瞧。妈妈站住了，盯着那个袋子，好像她也终于忍不住了，弯下腰，吃力地搬起背袋——背袋装得太实了，哗——把东西全倒在桌子上。

看着眼前的景象，我和妹妹惊呆了，失望，委屈，又感到害怕：桌子上全是信，用绳子捆好的一沓沓蓝色、白色、灰色、红色的信封，这些信我们太熟悉了，因为它们是在战争年月里，妈妈写给爸爸的全部家信，而且是数不清的晚上，妈妈写完后交给我和妹妹投到邮筒里的。信，信，从这个大背袋里倒出来的全是信，摞满了整整一个桌子，还几乎往下掉。

此时此刻，从来没有流过泪的妈妈，第一次在我们面前哭了。起初，她小声地抽泣，泪水顺着面颊往下流；她用双手捂住眼睛，泪水又顺着指缝往下流。妈妈摇头想止住，但是没用，她最终控制不住自己，放声大哭起来。

爸爸心里也难过起来。妈妈就这样一直哭着，始终不让爸爸挨近她。

（佚名）

温暖我一生的冰灯

> 但那灯，却一直亮在我心里，温暖我一生。

总有一些东西，是岁月所消融不了的。

八岁的那一年春节，我执意要父亲给我做一个灯笼。因为在乡下的老家，孩子们有提着灯笼走街串巷过年的习俗，在我们看来，那就是一种过年的乐趣和享受。

父亲说，行。

我说，我不要纸糊的。父亲就纳闷，不要纸糊的，要啥样的？我说要透亮的。其实，我是想要玻璃罩的那种。腊月二十那天，我去东山坡上的大军家，大军就拿出他的灯笼给我看，他的灯笼真漂亮：木质的底座上是玻璃拼制成的菱形灯罩，上边还隐约勾画了些细碎的小花。大军的父亲在供销社站柜台，年前进货时，就给大军从很远的县城买回了这盏漂亮的灯笼。

我知道，父亲是农民，没有钱去买这么高级的灯笼。但我还是想，父亲能给我做一个，只要能透出亮就行。

父亲说，行。

大约是年三十的早上，我醒得很早，正当又将迷迷糊糊地睡去时，我突然被屋子里一阵窸窸窣窣的声音吸引了，我努力地睁开眼睛，只见父亲在离炕沿不远的地方，一只手托着块东西，另一只手正在里边打磨着。我又努力地睁了睁眼，等我适应了凌晨有些暗的光后，才发现父亲手里托着的是块冰，另一只手正打磨着这块冰，姿势很像是在洗碗。每打磨一阵，他就停下来，在衣襟上擦干手上的水，把双手放在自己的脖子上暖和一会儿。

我问："爹，您干啥呢？"

父亲说："醒了！天还早呢，再睡一会儿吧。"

我又问："爹，您干啥呢？"

父亲就把脸扭了过来，有点儿尴尬地说："爹四处找废玻璃，哪有合适的呢，后来爹就寻思着，给你做个冰灯吧。这不，冰冻了一个晚上，冻得正好哩。"父亲笑了笑，说完，就又拿起了那块冰，洗碗似的打磨起来。

父亲正在用他的体温融化那块冰呢。

看着父亲又一次把手放在脖子上取暖的时候，我说："爹，来这儿暖和暖和吧。"随即，我撩起了自己的被子。

父亲一看我这样，就疾步过来，把我撩起的被子一把按下，又在我前胸后背把被子使劲儿掖了掖，并连连说："我不冷，我不冷，小心冻着你……"

末了，父亲又说，"天还早呢，再睡一会儿吧。"

我胡乱地应了一声，把头往被子里一扎，一合眼，两颗豌豆大的泪珠就洇进棉絮里。刚才父亲给我掖被子的时候，他的手真凉啊！

那一个春节，我提着父亲给做的冰灯，和大军他们玩得很痛快。伙伴们都喜欢父亲做的冰灯。后来，没几天，它就化了，化成了一片水。但那灯，却一直亮在我心里，温暖我一生。

（马德）

哪一个是你呢

你是变软弱了，失去了力量的胡萝卜，是内心原本可塑的鸡蛋，还是改变了开水的咖啡豆呢？遭遇痛苦和逆境时，如果你像咖啡豆，你会在情况最糟糕时，变得有出息，并使周围的情况变好。问问自己是如何对付逆境的吧！

一个女儿对父亲抱怨她的生活，抱怨事事都那么艰难。她不知该如何应付生活，开始自暴自弃。她已厌倦抗争和奋斗，好像一个问题刚解决，新的

问题就又出现了。

　　她的父亲是位厨师，他把她带进厨房。他先往 3 只锅里倒入一些水，然后把它们放在旺火上烧。不久锅里的水烧开了。他往一只锅里放些胡萝卜，第二只锅里放个鸡蛋，最后一只锅里放入碾成粉末状的咖啡豆。他将它们浸入开水中煮，一句话也没有说。

　　女儿咂咂嘴，不耐烦地等待着，纳闷父亲在做什么。

　　大约 20 分钟后，父亲把火闭了，把胡萝卜捞出来放入一个碗内，把鸡蛋捞出来放入另一个碗内，然后又把咖啡舀到一个杯子里。做完这些后，他才转过身问女儿，"亲爱的，你看见什么了？"

　　"胡萝卜、鸡蛋、咖啡。"她回答。

　　他让她靠近些并让她用手摸摸胡萝卜。她摸了摸，感觉到它们变软了。父亲又让女儿拿那个鸡蛋并打破它。将壳剥掉后，她看到的是个煮熟的鸡蛋。最后，他让她喝了咖啡。品尝到香浓的咖啡，女儿笑了。她怯生生地问道："父亲，这意味着什么？"

　　他解释说，这三样东西面临同样的逆境——煮沸的开水，但其反应各不相同。胡萝卜入锅之前是强壮的，结实的，毫不示弱，但进入开水之后，它变软了，变弱了。鸡蛋原来是易碎的，它薄薄的外壳保护着它呈液体的内脏。但是经开水一煮，它的内脏变硬了。而粉状咖啡豆则很独特，进入沸水之后，它们倒改变了水。

　　"哪个是你呢？"他问女儿，"当逆境找上门来时，你会如何反应？你是胡萝卜，是鸡蛋，还是咖啡豆？"

第五辑　有一种爱让我们感恩一生

　　父母就是常在寒冷深夜起床看你盖好被子没有的人，就是拼命给你盛鱼挟肉自己却说不爱吃这些东西的人，就是你远行时送你到路口看你远去直至走出他们视野仍在眺望的人，是……父母可以为了孩子付出一切，总是将最好、最宝贵的留给孩子，父母的爱是无条件的施予而不望回报。

金色的小提琴

> 那是不带任何功利的感情，也是我值得终身感激的感情！

从海利记事开始，每天吃过晚饭，在乐团工作的父亲就会拿起那把金色的小提琴，拉一曲悠扬的《爱的女神》。这时，母亲总会用浸了栀子花和薄荷叶的水洗她那一头漂亮的栗色长发，然后抱着海利，轻轻地和着父亲的节奏唱歌……

海利7岁那年，母亲因为肺病而永远地离开了他们。父亲好像在一夜之间变成了另一个人，他那双深邃的蓝眼睛充满了忧郁的神色。好几次夜深人静的时候，海利还看见父亲在房间里默默地擦拭着那把金色的小提琴，一遍又一遍。

不久，父亲所在的乐团因为资金周转不灵而解散了，一家人的生活开始变得窘迫不堪。

日子一天天过去，海利也长大了。海利18岁那年，考取了剑桥大学。在一次舞会上，他结识了一个漂亮的女朋友——蒂娜，她的父亲是伦敦一家大公司的董事长。当他告诉她，他母亲的曾外祖母是欧洲王室的公主时，蒂娜的眼睛里立刻闪烁出兴奋的神色，她马上和他谈论书中读到的王冠、钻石、宴会和爱情，说那是她向往的一切。说不清是虚荣还是自卑，海利没有继续给她讲自己现在的家庭，讲那个破旧的小院和父亲那有点儿微驼的背。

海利把自己有女朋友的事情告诉了父亲，他说恋爱的开销很大，所以他不得不去打好几份工。父亲很快来信了，他说他最近已被提升为主管，加了薪水，以后可以给海利寄更多的生活费，要海利不要太苛刻自己。

暑假到了，海利随蒂娜到她在伦敦的家。金碧辉煌的别墅让海利有种眩晕的感觉。当蒂娜高兴地向父母介绍海利是贵族的后代时，蒂娜父亲的眼中露出了怀疑的眼神，他说："相信你的家庭也能为我女儿提供优雅而舒适的生活环境。也许明天晚上我们可以和你父亲一起进餐。"海利的心沉了下来，他想起了母亲曾说过的话："你爸爸当初就是爱上了我的一头长发。而我，就是爱上了他拉小提琴的样子。"

　　失落之中，海利忽然想起那把产自意大利的金色小提琴，那是当年母亲舍弃繁华的上流社会而追随父亲时惟一的嫁妆。应该是一件价值不菲的古董，海利激动起来，如果卖了它，说不定有一大笔钱可以让他成为上流社会的一员。

　　等父亲上班后，海利从父亲的卧室里找出小提琴，来到古董行请人鉴定。"哦，天哪！"哈里森先生激动地说，"它产自300多年前意大利的克利蒙那！这把小提琴价值连城！"

　　忐忑不安的海利知道父亲这一关并不好过。"爸爸，蒂娜的家族是不会接受平民子弟的，而且，您也好久没有用过它了……"父亲的脸抽动了一下，他沉默了好久，说："你准备什么时候卖掉它？"

　　"明天下午！哈里森先生会亲自来我们家取它，支票已经开给我了，足够我们买一栋新房子……"

　　海利忽然很害怕蒂娜全家知道自己的父亲只是个普通职员，他含糊地说："那没什么了。今天晚上他们家要在一家酒店举行宴会，希望……希望我能去。"父亲没有再说什么，他转身走进了房间。望着父亲孤单的身影，海利的心中涌出了一股苦涩的滋味。

　　蒂娜家真的很阔绰，他们包下了整个酒店，十分隆重。当西装革履的海利和身穿银色晚礼服的蒂娜走入会场的时候，人们都用羡慕的眼神看着这一对金童玉女，不时有妇人窃窃私语："他们真是般配，听说蒂娜的未婚夫也是富家子弟呢！"灯光暗淡了下来，华丽的舞池中央只剩下了海利和蒂娜。在悠扬的小提琴声中，他们翩翩起舞。一曲舞毕，司仪向大家介绍道："刚才为我们拉这一曲的是敏斯特老先生，他在我们酒店工作了4年，每天晚上都会为我们带来美好的享受。遗憾的是，明天他就要离开了，今晚是他的最后一次演奏。下面他将为我们演奏动人的《爱的女神》。"灯光渐渐明亮起来，一位清瘦的老人向四周鞠了一躬，然后拿起一把金色的小提琴开始深情地表演。是父亲！海利的泪水几乎是在一瞬间汹涌而出。他忽然明白了一切：父亲为供他上大学，白天要拼命工作，晚上还要来这里演奏，他那双坚韧的臂膀就是这样累垮的啊！

海利拨开拥挤的人群，向父亲走去。老人含着眼泪望着儿子，手里还紧紧握着那把金色的小提琴。在众人诧异的目光中，海利骄傲地挽起了父亲，大声说："这就是我的父亲。这么多年，他安慰我说他在公司里提升了，其实他一直都在这里用这把小提琴为我提供学费，而我还毫不知情。我不是富家子弟，但我的父亲却让我知道了什么叫富有。那是不带任何功利的感情，也是我值得终身感激的感情！"说完，他挽着年迈的父亲，背上那把金色的小提琴，昂首走出了酒店的大门。"爸爸，"海利无限感激地对父亲说，"这把金色小提琴，我会永远替您保存！"……

（佚名）

给父亲的借条

我没饭吃的时候，天天去他那还债，还顺便带着孩子丈夫一起去蹭饭。

我16岁离开家，从此，就没有惦记过回去。我天生不太念旧，母亲说我心狠，我也自以为是，我在过去的那十几年里真没把那间生养了我的屋子当回事，虽然里面有父亲和母亲。

26岁那年，我拿出10年的积蓄和丈夫注册了一家公司，没想到，就在丈夫坐火车去广州进货的途中，那凝结着我和丈夫 10 年汗水和泪水的钱被人给偷了。看着丈夫一脸落魄，靠在研房的角落里闷头抽了一下午的烟，我不忍心再责怪他。公司已经开张了，而钱，没了着落。

从没有处心积虑地考虑过钱的我开始四处张罗钱。

周围的朋友，有钱的倒有几个，平时关系也不错，喝酒吃饭从来不会忘了我们，在一起拉呱吹牛那是经常的。麻将桌上更是张弛有度。本以为一个电晤过去，就凭着平时的关系，区区几万块钱，还是小菜的。可是想像是美好的，现实是残酷的，应了我丈夫那句话："咱是小庙里的菩萨——不会有多少香的。"

确实，朋友之间是不能谈钱的，人家在电话那头支吾着，我就是傻子，也知道那是推辞。

这时，窗外的天是暗的，就快夜了。

半夜里，听风从窗外呼啸而过，刮得顶上的遮阳棚呼啦啦地响，和衣躺在床上，毫无睡意。想遍了周围的人，思量过后怕被再拒绝，实在丢不起那个脸了。最后只剩一条活路了——回老家问父母借。

第二天，搭上了回家的车，一路颠簸到街上，然后步行 4 公里，乡间的土路雨天是泥泞，晴天是灰尘。没心情搭理村头狗的狂吠，也没心情欣赏田野里农人收割的喜悦。等我到了家门口，已是蓬头垢面。门开着，但家里没有人，隔壁婶子告诉我，爸爸和妈妈在田里割稻子，要到中午吃饭的时候才回来。婶子说父亲临走的时候吩咐，要她等太阳出来的时候把我家的稻子担出来在场地上晒。婶子扬起簸箕，给我垒了小小的一担，我上肩，却怎么也挑不起来。婶子朝我笑笑，一窝身，挑到肩上，那边，我跟上去，把担子里的稻子扬到场地上。婶子说："你们现在的年轻人，肩膀嫩得很啦。"我心头一丝羞愧。

我问婶子："这几年的生活可好？"婶子笑笑答："还好。"

我揪着的心放下了一半。

晚上，母亲特地为我做了几个不错的小菜，父亲拿出我带回来的白酒，破例，父女俩对饮了几杯。饭后，母亲借口串门出去了。父亲盘腿坐在凉床上，架起水烟，呼噜了几口，然后望望我："说吧，啥事？"

父亲太了解我了。

我坐在那里，望了望父亲，父亲已经老了，黝黑，干瘦，脸上橘子皮似的皱纹向下耷拉着，眼角有几道深深的沟，一直朝太阳穴的方向隐去。头发还是那么短，不过是白的多，黑的少，昏黄的灯光把他佝偻的影子在墙上勾勒得老长，老长……

父亲又用烟锅点了点我，有点儿不耐烦："说吧。"

我低头瞅着自己的脚尖。这么多年了，从来没向父亲开过口。总以为他把我养大已经不易，他都这么老了，我怎么再好意思开口？

我对父亲说："没事。就回来看看你。"

"有啥事就说，别闷在心里。啊，我还没死，啥事还能替你做主。"

"没事，就是好多年没回来，实在想看看你们，你别想岔了。我能有啥事啊？"

父亲又吸溜了一口，说："那好，多住几天吧。"

借口想出去转转，从家里逃了出来。到无人处，拿手机给丈夫打了个电话，告诉丈夫，我实在没办法向父亲开口。电话那头，半天没声音……

我又拨了个电话给婆婆，平时，她最疼她的儿子。现在他儿子遇到这点挫折，我想婆婆不会拒绝吧？电话打通，刚和婆婆说到丈夫的钱被偷了，婆婆那头就说起了现在他们老两口生活多么困难啊，况且我们已经分家另住了，还有就是手头有两个钱也还要防老啊之类的。孩子在她那放着，又没有收我们生活费啦。我没敢再开口，轻轻合上电话。

用袖子擦干不争气的泪，回转身，父亲就站在我身后……

至今，农村人还有个习惯，把现钱全藏家里。

母亲从缝着的枕头里面拆出来厚厚的一大叠票子，父亲沾着口水一张张点着，100放一堆，50放一堆，然后是20、10块、5块、2块、1块，还有许许多多的毛票。终了，他把自己衣服口袋里仅余的几块钱也给添兑了进去。我给他拿笔记着，一共是贰万肆仟陆佰叁拾玖块四毛。母亲拿过来一块头巾，把一堆钱裹了进去，塞进我皮包里。父亲说："娃，我就这么多了，你先拿去，剩下的，你俩也别着急，过几天我就给你送去。我还当是什么烦人事，不就是缺俩钱么，你老子没死，凭着张老面子，会有办法的。"

第二天，我告别父亲，回城里。

以后的两天里，我和丈夫一筹莫展，我不知道父亲能给我多大的期望，虽然他说得轻松，但是 5 万块钱，对个大字都不识几个的老实巴交的农民来说，能是个小数目吗？

两天后的下午，父亲来了电话：钱已经借到了，一共 3 万，托村口的二伯给带了来，只要去汽车站拿就行，自己就不过来了，路费得花好几块，不划算。

如今，这么多年眨眼就过去了。父亲也越发老了。春节前头，我和父亲商量，让他们搬到城里和我们一起住。父亲摇头，说乡下清闲、自在，还有帮老乡亲。

过年的那几天假期里，我埋头在父亲的老屋帮他收拾东西，把他拾掇来的东西放整齐，不经意打开那集满灰尘的大箱子，却发现，箱底压着好几张借条，都已经泛黄了。忙问母亲家里还欠谁的钱，母亲呵呵一笑，说："这不还是当年你要钱的时候，你父亲问人家借的。后来，你们把钱还了，人家也把借条给你父亲了。你父亲就收了起来，你们不经常回来，你父亲有时候就念叨。人家外人说你对我们不好，你父亲就说："咋不好呢，她生活难着呢，这不，当年还借了我这么些钱。等她日子好了，自然就回来了。'"

我忙背对母亲，抹去眼角的泪水。

这就是我的父亲，这么多年了，我没给过他什么，甚至他想念儿女的时候，也就是把当初的借条拿出来在他的那帮老兄弟面前炫耀一下，说明他的孩子还记挂着他，至少还会求到他。这就是一个做父亲的伟大。

我拿起笔，郑重地在父亲的借条后面又加上：今女儿借父亲壹佰万元整，用下半辈子对他和母亲的呵护来还。然后折叠起来，依旧放回原先的地方。

我对母亲说："我以后每个礼拜都会回来看你们的。"

母亲说："别常回来，我们会厌你的，工作重要啊。"转瞬又说："若是有空，那就回来。"

我笑笑，走出里屋，对正在门口和邻居唠嗑的父亲说："妈让我以后别回来。"

父亲说："啊？我这就找她算账去……"

我站在门口看着，笑着，很心安。

后来，和父亲闲谈的时候说起借条的事，父亲说："那时候，本以为你心狠，不要我和你妈了，后来你回来，即使是借钱，我也觉得好，至少，你还是我的女儿，你为难的时候还能想到我这个当父亲的，还会想到你有这个家。保留那些借条，是自己安慰自己啊，怕你还了钱以后，又像以前一样没了踪影了。那些借条，让我和你妈还有个念头，还有个期望。别的不求，只期望你心里还有我们。"

现在，有时候单位加班，礼拜天回不了家，打电话给父亲。父亲就说："你给我记清楚，你借我的钱，加利息有一百多万，你回家一趟，就算还1万，少回家一趟，就加1万利息，你自己看着办吧。"

我要还父亲的债。我庆幸给了父亲一百多万的希望，也希望他把利息涨高点，以后，我没饭吃的时候，天天去他那还债，还顺便带着孩子丈夫一起去蹭饭。

（佚名）

卖报纸的父亲

自从我结婚以后，父亲就再也没有卖报了。

早晨天还没亮，父亲就起床了，把头天晚上蒸好的两个馒头和装满冷开水的塑料瓶子悄悄放进绿色的挎包里，背起匆匆离开了家。

父亲卖报有几年了。我多次劝他别去卖报，退休了就在家里享享清福吧。他总是说："等你成家以后，我就不卖了。"我不明白父亲为什么会这样说。报纸批发站距家很远，父亲总是风雨无阻地第一个到达。

送报车一到，早已等候的报贩就蜂拥而上，将一摞摞的报纸争先恐后地往自己的挎包里塞。他们当中有下岗工人、进城打工的农民、辍学的小孩。父亲挤不过他们，只好站在一边。批发报纸的老板挺照顾父亲，每次都给父亲留着一摞。

拿到报纸后，报贩们就迅速四散开去，在大街上吆喝起来。父亲通常不在大街上卖报，因为街上的报贩太多，他把报纸拿到在市区和市郊间往返的铁路通勤列车上去卖——父亲是铁路退休工人。

车上报贩不多，只有两二个，比起大街上来说报纸要好卖得多。父亲左手腕托着一张硬纸壳，上面交错叠放着各种报纸，在上下班的职工和旅客当中不停地来回穿梭和吆喝叫卖。

通勤车比起正式旅客列车来说，既破旧又肮脏。冬天车厢里直灌着凛冽刺骨的寒风，父亲的双手长满了冻疮，裂开了冰口；夏天车厢被烈日烤得发烫，父亲的衬衣上有一圈圈泛黄的汗渍，豆大的汗珠从满是皱纹的脸上淌下来。列车沿途有六个站。为了多卖几份报纸，每次列车徐徐进站还未停稳，父亲就从车上跳到站台上，趁停车的几分钟，向站台上候车的旅客和列检所、信号楼、候车室正在当班的铁路员工卖报。

通勤车经常停车不靠站台，健壮敏捷的年轻人上下车都感费劲，何况像父亲这样上了年纪、手腕托着报纸、肩上背着挎包的老人。下了车跨过钢轨还得爬高高的站台。父亲站在路基上爬不上去，就只好先把托着的报纸和挎包推上站台，然后用双手支撑在站台的水泥地面上，抬起右腿颤巍巍撩上去，接着埋下头伛偻着腰，身子向左微倾，几乎贴在地上，使尽全身的力气慢慢地爬上站台。

若遇列车交汇，父亲还得在站台上等着其他列车进站后，向刚刚下车的旅客匆匆兜售。有时，为了从一个站台转到另一个站台，争抢时间，父亲还得从一节节车厢腹部底下钻越。当列车重新启动时，又笨拙地跳下车。这是非常危险的动作，弄不好身子就会卷入车体底下，被滚动的车轮碾成齑粉

......

　　父亲的早餐都是在车厢里忙里偷闲吃的。我每天也要乘通勤车上班，时常在车厢中遇见父亲。有几次我看见父亲气喘吁吁地坐在一沓儿椅子上，左手捏着干冷的馒头，右手握着塑料瓶，一口馒头一口水，艰难地咀嚼着，不时用衣袖擦去脸上的汗珠。看见父亲疲乏的模样，我心里酸酸的，就对父亲说："我来帮你卖吧。"父亲摇了摇头，慈爱地说："好好去上你的班吧！别耽误工作。"父亲每天早上天不亮出门，中午回到家里随便刨几口饭后小憩一会，下午又出门卖报，直到暮色苍茫才蹒跚回到家里。天天如此来回奔波着，似乎不知疲惫。

　　有一天，我告诉父亲我准备结婚了，父亲非常高兴。他从旧柜子的抽屉里取出一个包裹，一层层打开，拿出一张存折郑重地递给我，语重心长地说："孩子呀！我和你妈妈都已经老了，没有什么东西送给你，这里有三万块钱，是用我的退休工资和多年卖报纸的钱积攒下来的，你拿去用吧！再加上你自己存的钱，到单位上去买一套房子。今后你们小两口好好生生地过日子吧！"霎时间，一股热流涌上心头，我止不住自己的伤感，眼眶噙满了泪水，转过头悄悄拭干——我终于明白了父亲以前说过的那句话。自从我结婚以后，父亲就再也没有卖报了。

（刘晓峰）

我是父亲的儿子

"我想要你知道我爱你，而且我一直都爱你！"

　　父亲看起来仍和我记忆中的一样：浓密的头发，修长的身材，黝黑的脸庞，锐利的目光。不同的是，他变得温柔而富有耐心了。在我小的时候，我从来不觉得父亲有耐心。我不知道我们究竟是谁发生了变化。

我和儿子马修刚飞到亚利桑那，拜访他 67 岁的爷爷。爷爷拿出吉他，试好音，准备为小男孩演奏。立刻，4 岁的马修兴奋得在沙发上跳起来，小手乱弹着吉他，嘴还不停地唱起来。

父亲和我曾争执不休，尤其是在我十多岁的时候。我像所有十多岁的男孩子一样富有叛逆精神。我喜欢在比赛中大喊大叫，结交古怪的朋友，穿奇装异服。而这一切只是为了向父亲证明我不是他。直到有一天，我幡然醒悟：我本来就不是我父亲，我根本无需为此证明什么。

当我是个小男孩时，父亲经常不在我们身边。他是送牛奶的，一星期要工作 7 天。虽然忙于工作，父亲仍是家里的"执法者"。我们的违纪行为被累积起来，到晚上由他来处理。只是他的处罚很少超过威胁性的责备或者生气地用手指敲敲我们的脑袋。

那时候我总有种想法：如果我要想获得男子汉的资格就必须勇敢地面对他，即使意味着挨拳头。一天，我和一些朋友把学校停车场的栅栏拆下来埋到木柴堆下，那是为篝火晚会准备的木柴。我觉得我们的恶作剧很有趣，于是向父亲提起了此事。但他不认为这事滑稽，并命令我和他一起去把栅栏挖出来。

我那时 16 岁，你能想象比这更让我感到羞辱的事吗？我拒绝了父亲，我们就这样近距离地面对面地僵持着。父亲怒气冲天，有一秒钟，我认为那个考验来临了。

但接着，父亲摇了摇头，冷静地走开了。第二天，朋友们告诉我，他们在篝火晚会上见到了我爸爸。他在成百上千的孩子们面前爬进木柴堆里，把栅栏拖了出来。

他从未对我提起过这件事，至今都没有。

尽管我们父子间有过许多冲突，但我从未怀疑过父亲对我的爱。就是这份爱，支撑着我走过了人生中的一些极其艰难的岁月。回首往事，我总会看到一些温馨的画面：我们一起在沙发上看电视；黄昏时，我们在砾石路上散步；驾车回家时，我们一起唱《红河谷》……

他总爱那样微笑着看我，间接地对我说些表扬的话，让我知道他为我骄傲,并为我取得的成就感到欣慰。他有时也很笨拙地开开我的玩笑。在他的玩笑中,我感觉得到他伟大的、未说出口的父爱。长大后,我才懂得了这是大多数男人表达爱意而又不显得脆弱的方式。我也开始模仿他表达"我爱你"的方式,比如,我会告诉他他的鼻子太大了或者他的领带太丑了。

至今,我仍然清晰地记得星期天早晨我紧紧偎依在父亲身边的情景;我也记得在他强有力的手臂中打瞌睡时的温暖感觉。但我却一次也想不起父亲拥抱过我或吻过我或告诉过我他爱我。男人,甚至小男孩,也从不亲吻或拥抱,而只是握手。

我读大学后,有许多次假期结束要返校时,我特别渴望拥抱父亲。可我的肌肉却不听从情感的支配,它们总是那么僵硬。结果,我拥抱了母亲,只和父亲握了握手。

"看一个男人并不是看他说什么,而是看他做什么。"他常常这么说。

我一直努力不去重复我认为是父亲做错了的事。马修和我常常拥抱和亲吻道别。我希望马修和我能够建造起一个贮藏室,把那些细小的快乐都贮藏起来,让它们帮我们度过将来可能出现的艰难时光。

只是在有了自己的儿子后,我才开始真正认真考虑父亲和儿子间的关系,并渐渐地理解了父亲。

如果男人对他们的父亲有什么共同的抱怨的话,那就是他们的父亲缺乏耐心。我记得在我大约6岁时的一个雨天,父亲正在给他的妈妈铺一个新的屋顶。那工作就是在晴天也很危险,更别说是阴雨天了。我很想帮忙,但他极不耐烦地拒绝了我。于是,我故意捣乱,结果被父亲打了屁股。那是我记得的惟一一次父亲打我。

许多年后,父亲仍多次抿着嘴轻笑着说起那事,但我从来不明白那有什么可笑的。

只是到了现在,在马修坚持要帮我粉刷墙壁或者干其他危险的工作时,在我竭力让自己冷静、耐心的时候,我才终于能以父亲的眼光来看待我儿时发生的那件事了。谁会想到我竟然为那件小事生了我父亲30年的气呢,我的小儿子或许现在也在生我的气吧?

更让人惊异的是，我十多岁时曾深信自己一点也不像父亲，但随着时间的流逝，我渐渐地有了相反的结论。我发觉自己非常像他。我们有着同样的幽默感、同样固执的脾气，甚至说话的腔调也是一样的。

比如，我父亲接电话时总爱说"哈——罗"，他把第一个音发得重而长，而第二个音短而急促。如果你现在给我打电话，你也会听到类似的"哈——罗"，每次我听见自己这么说时，都会觉得愉快。

我突然醒悟：如果我到现在还在品味我对父亲的种种感觉，那么，在我还是个男孩的时候，父亲肯定也在反思他和他父亲的关系。

父亲在把我养育成人的过程中不可避免地受着他父亲的影响。这样，我儿子不仅和我、我的父亲联系在了一起，同时也和我父亲的父亲有了联系。我想，第一个哈林顿父亲接起电话时，他的回答恐怕也是"哈——罗"吧！

几年前，有一段时间，由于一些太深奥或者太微不足道的原因，我和父亲相互间不再交谈，也不再见面。最后，我抛开了我的固执，并且意外地去拜访了他。我们在一起谈了两天，什么都谈，又好像什么也没谈。谁也不提我们已经有 5 年时间没见面的事。

离开时，我感觉和去之前一样沮丧。我感到我们要重归于好是不可能的了。两天后，我收到了父亲的信，那是他写给我的惟一的一封信。我是作家，他是送牛奶的。但他的信的语气和调子，还有它的简洁跟我的写作风格没什么两样。

"我知道如果我能从头再来的话，我会尽力多抽出一些时间和你度过。看起来，我意识到这一点时已经太晚了。"

事实上，那一天，在我拜访他后，在他看着我走出门时——有那么一瞬间，我在想，我们之间没有希望了；而他则在告诉他自己，他应该让我停下来，坐下来，并好好谈谈。如果不那样，他可能再也见不到我了。"但我还是让你走了。"他写道。

我意识到，他的肌肉又一次没有听从他的情感的支配。

不久前，马修问我："儿子长大后就和父亲一样了，对吗？"这可不是一般的问题，我在回答时也很小心我的措辞。"不，"我说，"从某种程度来

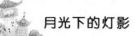
说，儿子长大后会比较像他们的父亲，但却不会和父亲一样。他们肯定是他们自己。"然而，马修不会明白这其中的细微区别。

"儿子长大后就是和父亲一样！"他挑战似的对我说，"他们会的！"我不再争论。说实话，这让我感觉很好。

马修和我准备离开亚利桑那回家去了。走之前，我决心做一件我从未做过的事。在我和儿子走出门前，我倾斜身子，拥抱了父亲，并说："我想要你知道我爱你，而且我一直都爱你！"

（佚名）

天底下最伟大的父亲

父亲是天底下最伟大的父亲，我一直都为他感到骄傲。

从记事起，布鲁斯就知道自己的父亲与众不同。父亲的右腿比左腿短，走路总是一拐一拐的，不能像其他小朋友的父亲那样，把儿子顶在头上嬉戏奔跑。小的时候，布鲁斯倒不觉得有个瘸腿的父亲有何不妥。但自从上学见了许多同学的父亲后，他开始觉得父亲有点窝囊了。他的几个好朋友的父亲都非常魁梧健壮，平日里忙于工作，节假日则常陪儿子们打棒球和橄榄球。反观自己的父亲，不但是个残疾人，没有正经的工作，有时还要对布鲁斯来一顿苦口婆心的"教导"。布鲁斯从小就畏惧母亲，母亲在场的时候，他会对父亲的"教导"作聆听状。而实际上，他打心眼里看不起父亲，从不愿和父亲一起出入公开场合。

像许多少年人一样，布鲁斯喜欢打橄榄球，并因此和几位外校的橄榄球爱好者组成了一支队伍，每个周日都聚在一起玩。那个周日，和往常一样，布鲁斯和几个队友正欢快地玩着，突然来了一群打扮怪异的同龄人，要求和布鲁斯他们来一场比赛，谁赢谁就继续占用场地。这是哪门子道理？这个球场是街区的公共设施，当然是谁先来谁用。布鲁斯和同伴们正要拒绝，但见其中两个将头发染成五颜六色的少年面露凶光，摆出一副不比赛你们也甭玩的样子。布鲁斯和同伴们平时虽然爱玩闹，有时甚至跟人家吵吵架，但从不打架。看到来者不善，他们勉强点头同意了。

比赛结果，布鲁斯他们赢了。可恶的是，对方居然赖着不走。布鲁斯和同伴们恼火了，和一个自称头儿的人吵了起来。吵着吵着，对方竟动手打人。一股抑制不住的怒火像火山一样爆发了，布鲁斯和同伴们决定以牙还牙。争斗中，不知谁用刀子把对方一个人给扎了，正扎在小腿上，鲜血淋淋，刀子被扔在地上。其他同伴见势不妙，一个个都跑了，就剩下布鲁斯还在与对方厮扭，结果被闻讯而来的警察抓个正着，于是布鲁斯成了伤人的第一嫌疑犯。很快地，躲在附近的布鲁斯的几个同伴也相继被找来了，他们没有一个承认自己动了手，事情也几乎有了定论，伤人的就是布鲁斯。虽然对方伤势不重，布鲁斯还不至于留下犯罪记录，但一定要通知家长和学校。布鲁斯所在的中学以校风严谨著称，对打架伤人的学生处罚非常严厉。布鲁斯懊恼不已，恨自己看错了这些所谓的朋友，然而，布鲁斯越是为自己辩解，警察就越怀疑他在撒谎。

一个多小时以后，布鲁斯的父母和学校负责人在接到警察的电话通知后陆续赶来了。

第一个到的是父亲。布鲁斯偷偷抬眼看了看父亲，马上又低下了头。父亲显得异常平静，一拐一拐地走到布鲁斯面前，把布鲁斯的脸扳正，眼睛紧紧地盯着布鲁斯，仿佛要看穿他的灵魂。"告诉我，是不是你干的？"布鲁斯不敢正视父亲灼灼的目光，只是机械地摇了摇头。父亲叹了口气，目光变柔和了，自己一个人默默地沉思起来。

接着校长和督导老师也来了。他们非常客气地和布鲁斯父亲握手，并称他为韦利先生。父亲不叫韦利，但韦利这个名字听上去很熟悉。

布鲁斯的父亲和校长谈了一会儿后，布鲁斯听见父亲对警察说："我养的儿子，我最了解。他会跟父母斗气，会与同伴吵嘴，但是，拿刀扎人的事他绝对做不出来，我可以以我的人格保证。"校长接口说："这是著名的专栏作家韦利先生，布鲁斯是他的儿子。布鲁斯平时在学校一向表现良好，我希望警察先生慎重调查这件事。有必要的话，请你们为这把刀做指纹鉴定。"

父亲和校长的那番话起了作用。当警察对布鲁斯和同伴们宣布要做指纹鉴定时，其中一个叫洛南的终于站出来承认是自己干的。那一刻，布鲁斯抑制不住的泪水夺眶而出，他第一次扑在父亲怀里，大哭起来。此刻的他，觉得父亲是如此的伟岸。哭过之后，母亲也赶来了。布鲁斯迫不及待地问母亲："爸爸真是那大名鼎鼎的作家韦利吗？"母亲惊愕了一下，说："你怎么想起这个问题？"布鲁斯把刚才听到的父亲与校长的对话告诉了母亲。母亲微笑着点了点头："这是真的。你爸爸曾是个业余长跑能手。在你两岁的时候，你在街口玩耍，一辆刹车失灵的货车疾驰而来。你被吓呆了，一动不动。你父亲为了救你，右腿被碾在轮下。你父亲不让我透露这些，是怕影响你的成长。也不让我告诉你他是名作家，是怕你到处炫耀。孩子，你父亲是天底下最伟大的父亲，我一直都为他感到骄傲。"

布鲁斯激动得不能自已。他没料到，自己引以为耻的父亲，曾经被自己冷漠甚至伤害的父亲，会在自己最需要的时候，给予自己无比的信任。他知道，从扑到父亲怀里大哭那一刻，自己才真正明白父亲的伟大。

（佚名）

自由奔跑

　　那一瞬我感到从未如此地理解父亲，感到他的爱充满了整个屋子。

　　当我一长大，我就知道父亲对我的期望是什么：成为一名医生。我们家族三代从医，我知道这也正是我将要做的。6岁时，我就有了第一个听诊器。

　　我生日时，父亲会送给我前辈的职业吉祥物：祖父的注射器，叔叔的体温表。在办公室门上的黄铜饰板上，我的名字会被指出将写在哪个位置。所以，不可避免的职业生涯的画面已深深扎根于我的想像中。

　　但当我快上大学时，我开始觉得医生不是我喜欢的职业。我开始感到不安，我不是父亲理想的儿子。我不敢告诉他我的犹豫，希望自己能解决。

　　大学前的夏季，我接受了一项挑战并希望这能帮我散散心。有一位病人为表示感谢送给父亲一条英国小猎犬。像往常一样，父亲把它交给我训练。

　　我没有预料到会碰上什么难题。杰瑞是条一个月大的小狗，它的耳朵离头太远，使它看上去活像个小丑。只要看它一眼，我就忍不住想笑。

　　训练的第一部分很容易。它掌握了基本要领：坐、停、卧、走，惟一的问题就是"来"。它喜欢一出茂盛的草丛就到处闲逛。我喊"杰瑞，这儿！"并吹尖锐的训练哨声，它转过身来看看我又继续逛它的去了。

　　训练完后，我坐在橡树下跟杰瑞聊天。我谈论它可能想知道的一切，有时也说说我自己。"杰瑞，"我说，"我真不想整天与病人打交道。如果你是

我，你会怎么办？"

杰瑞坐在那直视我的眼睛，摇摇它的头。它这么严肃，我忍不住放声大笑起来，忘却了烦恼。

不久以后，我让杰瑞接触了鸟类。它的姿势完美，它蹲伏着嗅着气味轻巧地移动，小心翼翼地放着它的爪子。看到鸟，它的身体都僵直了，使劲向前伸着头，优雅地轻轻地抬起它的右爪。

有一次晚饭后，我带它去草场训练。在没膝的草丛里我们走了约 100 码，这时，一只燕子在昏暗的光线中掠过寻找虫子，在杰瑞的头上发出了声响。

训练它捕捉的鸟类可从来没有过这样的行为，杰瑞呆住了。不一会儿，它开始追猎这只燕子。这鸟飞得很低，忽前忽后做 Z 字型飞翔，像在嘲弄和游戏。这使杰瑞兴奋起来，疯狂地跑着。

这鸟引杰瑞到了池塘又回到草场边的栅栏处，一副好像很怕被它追逐的样子，最后它消失在高空中。杰瑞立在那看了一会儿，气喘吁吁地向我跑来，我从没见过它这么用力。

在接下来的日子里，我发现对它来说，捕鸟已不成问题，但它似乎更热爱奔跑，它会像野兽般飞快地在草丛中奔跑。

我只好从头开始。开始几分钟，它会认真听着。然后，它会从我背后的口袋里偷走香蕉，跑向草场，在风中嗅着，使劲地瞪着腿。有时，只能看到它身后高高的草在晃动。

对它来说，奔跑是一种荣耀。看它奔跑时，除了有训练好它的强烈愿望，我感到一种很奇怪的快乐。

以前训狗我从未失过手，但这次我输定了。当 9 月到来的时候，我终于不得不告诉父亲这条猎犬不能打猎。"那么，拴起来吧。"父亲说，"我们得阉了它，送给镇上的某个人做宠物。一条狗如果不能尽它的天职，就肯定不会有多大价值。"

让杰瑞做家狗会扼杀它的天性。第二天，我跟杰瑞在老橡树下进行了一次长谈。"奔跑会使你失去自由的，"我说，"你就不能捕完鸟再跑吗？"

它抬眼看我，眼睑下流露出羞愧的神情。我开始感到难过，我躺下来，它在我胸前趴着，我摆弄着它的耳朵。

第二个星期六一早，父亲带杰瑞出去看看它能做些什么。一开始，它像个职业选手，姿态优雅地捉下一群鹌鹑。父亲打的两只鸟也被它一一衔回。

父亲惊奇地看着我，好像我愚弄了他。正当这时，杰端飞奔起来。

"这狗到底要干什么？"

"奔跑，"我说，"它喜欢奔跑。"

杰瑞沿着一排栅栏跑着，然后跳了过去，瘦瘦的身躯划出了令人惊奇的弧线。它跑了100码然后跑向池塘，一头扎进去，波光粼粼的水面击起了高高的翼状的浪花。它跑着，仿佛奔跑使一切安逸与优雅，使它融于田野、阳光和空气。

"那不是条猎狗，那是头鹿！"父亲说。

我站在那儿看着我的狗在它一生中最重要的测试中惨败。

第二天，我收拾东西准备上学，然后走向狗群跟杰瑞告别，它不在。我想知道父亲是否已经把它带到镇上去了。想到我们都失败了我心里就难受。

当我进屋时，父亲合上书，直视看我。"儿子，我知道这条狗不去做它该做的，"他说，"但它所做的也很了不起，看它奔跑！"

他继续看着我，那一刻，我感到他能看透我的心思。

"让生命有意义，"父亲接着说，"就是它该是什么就让它是什么——了解它。彻底了解它。"

我深深吸了口气。"爸爸，"我说，"我认为我不能从医。"

他垂下眼睛，好像听到了最怕听到的话。但当他又抬起头看我时，我看到了从未有过的尊重。

"我知道，"他说，"当我看到你和这条狗在一起时，我就知道了这一点。它奔跑时，你真该看看你的表情。"

我想像得出他有多么失望，我难过得想哭。"爸爸，"我说，"对不起。"他严肃地看着我："儿子，我不是对你失望。有一天你处在我的位置时就会明白。当然，你不打算当医生令我失望，但我不是对你本人失望。"

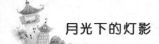

"想想你试图让杰瑞做的一切吧。"他说，"你希望把它训练成猎犬，但它却不行。你有什么感受？"

我看看杰瑞，它睡着，爪子在扭动，仿佛在梦里它还在奔跑。

"我曾以为我失败了，"我说，"但当我看到它奔跑时，看到它那么喜爱奔跑，我想这也挺好。"

"确实挺好。"父亲说。他亲切地看着我："现在就让我们看看你怎么奔跑吧。"他拍了拍我的肩，说了声再见便走了。那一瞬我感到从未如此地理解父亲，感到他的爱充满了整个屋子。

我靠着杰瑞坐下，在它肩胛骨下搔了搔。"我也想知道自己会怎样奔跑，"我轻轻对它说，"我一定能行。"

（佚名）

崇高的母性

世间再没有第二个母亲会把这类名称念得像她那样温柔动人的了！

辛辛苦苦在国外念了几年书回来，正想做点事情的时候，却忽然莫名其妙地病了，妻心里的懊恼、抑郁，真是难以言传。

睡了将近一个月，妻自己和我都不曾想到那时有了小孩。我们完全没有料到他会来得那么迅速。

最初从医生口中听到这消息时，我可真的有点慌急了，这正像自己的阵势还没有摆好，敌人就已跑来挑战一样。可是回过头去看妻时，她正在窥伺着我的脸色，彼此的眼光一碰到，她便红着脸把头转过一边，但就在这闪电似的一瞥中，我已看到她是不单没有一点怨恨，还显露出喜悦。

"啊，她倒高兴有小孩呢！"我心里这样想，感觉着几分诧异。

从此，妻就安心地调养着，一句怨话也没有；还恐怕我不欢迎孩子，时常拿话安慰我："一个小孩是没有关系的，以后断不再生了。"

妻是向来爱洁净的，这以后就洗浴得更勤；起居一切都格外谨慎，每天还规定了时间散步。一句话，她是从来不曾这样注重过自己的身体。她虽不说，但我却知道，即使一饮一食，一举一动，她部顾虑着腹内的小孩。

肚子一天天大起来，她所有的洋服都小了，从前那样爱美的她，现在却穿着一点样子也没有的宽大的中国衣裳，在霞飞路那样热闹的街道上悠然地走着，一点也不感觉着局促。

有些生过小孩的女人，劝她用带子在肚上勒一勒，免得孩子长得太大，将来难于生产，但她却固执地不肯，她宁愿冒着生命的危险，也不愿妨害那没有出世的小东西的发育。

妻从小就失去了怙恃，我呢，虽然父母全存，但却远远地隔着万重山水。因此，凡是小孩生下时需用的一切，全得由两个没有经验的青年去预备。我那时正在一个外国通讯社做记者，整天忙碌着，很少有工夫管家里的事情，于是妻便请教着那些做过母亲的女人，悄悄地颁备这样，预备那样。还怕裁缝做的小衣给初生的婴儿穿着不舒服，竟买了一些软和的料子，自己别出心裁地缝制起来。小帽小鞋等物件，不用说都是她一手做出的。看着她那样热心地、愉快地做着这些琐事，任何人都不会相信这是一个在外国大学受过教育的女子。

医院是在分娩前四五个月就已定好了，我们恐怕私人医院不可靠，所以选择了一所很大的公立医院。这医院的产科主任是一个和善的美国女人。因为妻能说流畅的英语，每次剑医院复查时，总是由主任亲自诊察，而又诊察得那么仔细！这美国女人并且答应将来妻去生产时，由她亲自接生。

因此，每次由医院回来，妻便显得更加宽慰、更加高兴。她是一心一意在等着做母亲。

有时孩子在肚内动得太厉害，我听到妻说难过，不免皱着眉说："怎么还没生下地就吵得这样凶！"。

妻却立刻忘了自己的痛苦，带着慈母偏袒劣子的神情，回答我道："像你喽！"

临盆的时期终于伴着严冬来了。我这时却因为退出了外国通讯社，接编了一个报纸的副刊，忙得格外凶。

现在我还分明地记得：12月25日那晚，十二点过后，我由报馆回家时，妻正在灯下焦急地等待着我。一见面她便告诉我小孩怕要出生了，因为她这天下午身上有了血迹。她自己和小孩的东西，都已收拾在一只大皮箱里。她是在等我回来商量要不要上医院。

虽是临到了那样性命攸关的时候，她却镇定而又勇敢，说话依旧那么从容，脸上依旧浮着那么可爱的微笑。

一点做父亲的经验也没有的我，自然觉得把她送到医院里妥当些。于是立刻雇了汽车，陪她到了预定的医院。

可是过了一晚，妻还一点动静都没有，而我在报馆的职务是没人替代的，只好叫女仆在医院里陪伴着她，自己带着一颗惶忧不宁的心，照旧上报馆工作。临走时，妻拉着我的手说："真不知道会要生下一个什么样子的小孩呢！"

妻是最爱漂亮的，我知道她在担心生下一个丑孩子，引得我不喜欢。我笑着回答："只要你平安，随便生下一个什么样子的小孩，我都喜欢的。"

她听了这话，用充满谢意的眼睛凝视着我，拿法国话对我说道：

Oh！merci！tuesbienbon！ （啊！谢谢你！你真好！）

在医院里足足住了两天两夜，小孩还没生，妻等得简直不耐烦了。直到二十八日清早，我到医院时，看护妇才笑嘻嘻地迎着告诉我：小孩已经在夜里十一点钟生下了，一个男孩子，大小都平安。

我高兴极了，连忙奔到妻所住的病房一看，她正熟睡着，做伴的女仆在一旁打盹。只一夜工夫，妻的眼眶已凹进了好多，脸色也非常憔悴，一见便知道经过一番很大的挣扎。

不一会，妻便醒来了，睁开眼，看见我立在床前，便流露出一个那样凄苦而又得意的微笑，仿佛在对我说："我已经越过了死线，我已经做着母亲了！"

我含着感激的眼泪，吻着她的额发时，她就低低地问我道："看到了小东西没有？"

我正要跑往婴儿室去看，主任医师和她的助手——一位中国女医生，已经捧着小孩进来了。

虽然妻的身体那样弱，婴孩倒是颇大的，圆圆的脸盘，两眼的距离相当阔，样子全像妻。

据医生说，发作之后三个多钟头，小孩就下了地，并没动手术，头胎能够这样要算是顶好的。

助产的中国女医生还笑着告诉我："真有趣！小孩刚出来，她自己还在痛得发晕的当儿，便急着问我们五官生得怎样！"

妻要求医生把小孩放在她被里睡一睡。她勉强侧起身子，瞧着这刚从自己身上出来的、因为怕亮在不停地闪着眼睛的小东西，她完全忘掉了近来——不，十个月以来的一切苦楚。从那浮现在一张稍稍清瘦的脸上的甜蜜的笑容，我感到她是从来不曾那样开心过。

待到医生退出之后，妻便谈着小孩什么什么地方像我。我明白她是希望我能和她一样爱这小孩的——她不懂得小孩愈像她，我便爱得愈切！

产后，妻的身体一天比一天好。从第三天起，医生便叫看护妇每天把小孩抱来吃两回奶，说这样对于产妇和婴孩都很有利的。瞧着妻睡在床上腼腆而又不熟练地，但却异常耐心地哺着那因为不能畅意吮吸而呱呱地哭叫起来的婴儿，我觉得那是人类最美的图画。我和妻都非常快乐。因着这小东西的到来，我们那寂寞的小家庭，以后将充满生气。我相信只要有着这小孩，妻以后什任何事情都不会想做的。从前留学时的豪情壮志，已经完全被这种伟大的母爱驱走了。

然而从第五天起，妻却忽然发热起来。产后发热原是最危险的事，但那时我和妻一点都不明白，我们是那样信赖医院和医生，我们绝料不到会出毛病的。直到发热的第六天，方才知道病人再不能留在那样庸劣的医生手里，非搬出医院另想办法不可。

从发热以来，妻便没有再喂小孩的奶，让他睡在婴儿室里吃着牛乳。婴儿室和妻所住的病房相隔不过几间房子，那里面一排排几十只摇篮里睡着全院所有的婴孩。就在妻出院的前一小时，大概是上午八点钟吧，我正和女仆在清理东西，虽然热度很高，但神志仍旧非常清楚的妻，忽然带着惊恐的脸色，从枕上侧耳倾听着，随后用没有气力的声音对我说道："我听到那小东西在哭呢，去看看他怎么弄的啦！"

我留神一听，果然有遥远的孩子的啼声。跑到婴儿室一看，门微开着，里面一个看护妇也没有，所有的摇篮都是空的，就只剩下一个婴孩在狂哭着。这正是我们的孩子。因为这时恰是吃奶的时间，看护妇把所有的孩子一个一个地送到各人的母亲身边吃奶去了，而我们的孩子是吃牛乳的，看护妇要等别的孩子吃饱了，抱回来之后，才肯喂他。

看到这最早便受到人类不平的待遇，满脸通红，没命地哭着的自己的孩子，再想到那在危笃中的母亲的锐敏的听觉，我的心碎了。然而有什么办法呢？我先得努力救那垂危的母亲。我只好欺骗妻说那是别人的一个生病的孩子在哭着。我狠心地把自己的孩子留在那些像虎狼一般残忍的看护妇的手中，用病院的救护车把妻搬回了家里。

虽然请了好几个名医诊治，但妻的病势是愈加沉重了。大部分时间昏睡着，稍许清楚的时候，便记挂着孩子。我自己也知道孩子留在医院里非常危险；但家里没有人照料，要接回也是不可能的，真不知要怎么办。后来幸而有一个相熟的太太，答应暂时替我们养一养。

孩子是在妻回家后第三天接出医院的，因为饿得太凶，哭得太多的缘故，已经瘦得不成样子，两眼也不灵活了，连哭的气力都没有了，只会干嘶着，并且下身和两腿生满了湿疮。

病得那样厉害的妻，把两颗深陷的眼睛睁得大大的，将抱近病床的孩子凝视了好一会，随后缓缓地说道："这不是我的孩子啊！医院里把我的孩子换了啊！我的孩子不是这副呆相啊……"

我确信孩子并没有换掉，不过被医院里糟蹋到这样子罢了。可是无论怎样解释，妻是不肯相信的。她发热得太厉害，这时连悲哀的感觉也失掉了，只是冷冷地否认着。

因为在医院里起病的六天内，完全没有受到适当的医治，妻的病是无可救药了，所有请来的医生都摇着头，打针服药，全只是尽人事。

在四十一二度的高热下，妻什么都糊涂了，但却知道她已有一个孩子；她什么人都忘记了，但却没有忘记她的初生的爱儿。她做着呓语时，旁的什么都不说，就只喃喃地叫着："阿囡！囡囡！弟弟！"大概因为她自己嘴里干得难过吧，她便联想到她的孩子也许口渴了，她有声没气地，反复地说着："囡囡嘴干啦！叫娘姨喂点牛奶给他吃吧……弟弟口渴啦！叫娘姨倒点开水给他喝吧……"

妻是从来不曾有过叫喊"囡囡…'弟弟'"阿囡"那样的经验的，我自己也从来不曾听到她说出这类名字，可是现在她却这样熟稔地、自然地念着这些对小孩的亲爱的称呼，就像已经做过几十年的母亲一样——不，世间再没有第二个母亲会把这类名称念得像她那样温柔动人的了！

不可避免的瞬间终于到来了！1月14日早上，妻在我的臂上断了呼吸。然而呼吸断了以后，她的两眼还是茫然地睁开着。直待我轻轻地吻着她的眼皮，在她的耳边说了许多安慰的话，叫她放心着，不要记挂孩子，我一定尽力把他养大，她方才瞑目逝去。

可是过了一会，我忽然发现她的眼角上每一边挂着一颗很大的晶莹的泪珠。我在殡仪馆的人到来之前，悄悄地把它们拭去了。我知道妻这两颗眼泪也是为了她的"阿囡…'弟弟'"流下的！

（黎烈文）

母亲是船也是岸

　　他那爱的小船，却必须远航到遥远的彼岸。

　　那年5月，我回到阔别多年的故乡，叩响了家门。隔门听到老人鞋子在地上拖沓的沉缓的声音，半晌才是苍老的问话。"谁呀？""我。"终于还是迟疑着。母亲，母亲，您辨不出您的儿子的声音啦？您猜不出是您放飞二十三载的鸟儿归巢么？门，"吱吱"地开一条窄缝儿。哦，母亲！母亲的眼睛！

　　那双眼睛，迟滞地抬起来。老人的两眼因为灶火熏，做活计熬，又经常哭泣，还倒睫，干涩涩的。下眼睑垂着很大的泪囊。那眼睛打量着穿军装的儿子，疑惑，判断，凝固着。真是不认识啦。

　　"妈妈！"我唤一声"妈妈"，母亲眼里的光立即颤抖起来，嘴唇抖动着细小的皱纹，她问自己：是谁？是静霆啊？眼里便全是泪了。

　　母爱就是这样，她是人间最无私的、最自私的、最崇高的、最真挚最热烈最柔情最慈祥最长久的。母亲无私地把生命的一半奉献给儿子，自私地渴望用情爱的红绳把儿子系在身边，母亲含辛茹苦地教养儿女，夸大儿女的微小的长处，甚至护短。她的爱一直延续到离开人世，一直化成儿女骨中的钙、血中的盐、汗中的碱。母亲定定地望着我。我在这一刹那间忽然想到了在张家口，在坝上，在长江流域，在鲁东，都看到过的"望儿山"，大概全世界无论哪儿都有"望儿山"，都有天天盼望游子远归的母亲变成化石。母亲还在呆呆地望着我。那双朦胧的泪眼啊！

　　蓦然想到了一周后如何离开，儿子到底是有些自私。我害怕到时候必得说一个"走"字，碎了母亲的心。记得十年前我匆匆而归，匆匆而去。临走的那个拂晓，我在梦中惊醒，听见灶间有抽泣的声音。披衣起身，见老母亲一边佝偻着往灶里添火，一边垂泪。

"妈，才四点钟，还早啊，你怎么就忙着做饭？"

"你爱吃葱花儿饼，你爱吃。"

如果儿子爱吃猴头熊掌，母亲也会踏破深山去寻的啊！回到家的日子，母亲一会儿用大襟兜来青杏，一会儿去买爆米花，她还把四十岁的军人当成孩子。我受不住那青杏，受不住那爆米花，更受不住母亲用泪和面的葱花饼，受不住离别的时刻。

母亲原来是个性情刚烈、脾气火暴的人。她十四岁被卖做童养媳。生我的那年，父亲被诬坐监。母亲领着父亲前妻遗下的一男一女，忍痛把我用芦席一卷，丢弃在荒郊雪地里，多亏邻居大娘把我拾回，劝说母亲抚养。为了这个，我偷偷恨过母亲。孩提时遇有人逗我说："喂，你是哪儿来的？树上掉下来的吧？"我就恶狠狠地说："我是乱葬岗捡来的，她是后妈！"理解自己的母亲也需要时空，理解偏偏需要离别。印象里母亲似不大在意我的远行。我十九岁那年离家远行，到北京读书。大学毕业正逢十年浩劫，我被遣到农场劳动。那个年月，我做牛拉犁，做马拉车，人不人鬼不鬼。清理阶级队伍的时候，人人自危。我足足有三个月没给家写信。母亲来信了，歪歪斜斜的别字错字涂在纸上。

"静霆，是不是你犯错误了？是不是你当了反革命啊？你要是当了反革命，就回家吧。什么也不让你干，我养活你……"我的泪扑簌簌落在信纸上。母亲，母亲，您的怀抱是儿子最后的也是最可靠的窠！你的双眸永远是我生命之船停泊的港湾！记得后来我回了一次家，您说："人老啦，才知道舍不得儿子远走。"说着声泪俱下。

可是你总是得走。你总得离开母亲膝下。你是个军人。可是你到底还是不敢看母亲佝偻的背和含泪的眼。你没有看母亲的泪眼，可是你的心上永远有她老人家的目光。

那时候我懂得了：母亲的目光是可以珍藏的。儿子可以一直把母亲的目光带到远方。

我搀着母亲走进了昏暗的小屋。屋子里有一种说不出的气味使我感到亲切，感到自己变小了，又变成了孩子。年逾古稀的父亲呆呆地拥被坐着，无言无泪，无喜无悲。父亲患脑血栓，瘫痪失语了。我看见母亲用小勺给父亲喂水喂饭；看见她用矮小笨拙的身体，背负着父亲去解手；看见她把父亲的卧室收拾干净。母亲就这样默默地背负着家庭背负着生活的重担而极少在信里告诉我家庭负担的沉重。

我心里内疚。不孝顺，你这个不孝顺的儿子！

可是你还得走。

转眼便是离家的日子！我不知怎么对母亲说离去这层意思，只是磨蹭着收拾行装。我能感觉到母亲的目光贴在我的脊背上。离别大约是人生最痛苦的了。记得，上次我探家回归的时候，占普车一动，我万万没想到年迈的母亲竟然顺着门外的土坡，跄跄跑起来，追汽车，她喊道："你的腿有毛病！冷天可要多穿点啊！"

后来，母亲寄给我二十几双毛毡与大绒的鞋垫，真不知母亲那双昏花的眼睛怎能看见那样小那样密的针脚。

后来，母亲又寄给我一条驼绒棉裤，膝与臀处，都缀着兔皮。她哪里知道北京的三九天也用不着穿这驼绒与兔皮的棉裤。它实在是太热了，只好搁在箱底。为了让妈妈的眼睛里有一丝欣慰，少儿分担忧，我在回信中撒谎说——那条棉裤舒适至极，我穿着，整个冬天总是穿着。

谎言能报答母亲么？可是天底下哪个儿女不对母亲说谎？

我对母亲撒谎说：我不久就会回来。我撒谎：您的儿媳妇和孙子都会来。我说也许中秋也许元旦也许春节一定会来……母亲默默地听着，一声不响。她的眼神却回答我：儿子，我——不——相——信！

我以为，最难的离别，当是游子同白发母亲的告别。见一回少一回啦，不是么？临走那天，我实存不敢再看一一眼母亲的白发和泪眼。我安排了许多同学和亲友来安抚母亲。车来了，我便逃之夭夭，匆匆忙忙跑出门，匆匆忙忙钻进吉普车。在车门关上的一瞬间，我，一个四卜岁的军人，竟"呜呜"地哭出了声。我忙把带泪的目光向车窗外伸展，可是——母亲没有出门来送她的儿子。她没有用眼泪来送行。

我不难想像老母亲此时此刻的心境。儿子从她身边离开了，她经不起这痛苦；一个军人告别家乡回军营去了，她必须承受这痛苦。哦，母亲，我知道，我还在您的眼睛里，您那盈满泪水的眼睛，永远是儿子泊船的港湾。可是您这个做军人的儿子，他那爱的小船，却必须远航到遥远的彼岸。

（韩静霆）

不要伤害我的母亲

　　人类在出生时，就是带着感情而来的。

　　昨天夜里妹妹哭着打来电话。她告诉我：母亲被抓走了。我的心一沉，没想到达一天来得竟是这样快。我咬紧牙，可眼泪仍旧止不住地往下流淌。我稳了稳情绪，告诉自己不准哭，一定要坚强。因为还有妹妹，她才十几岁，这样突如其来的变故，她怎能承受啊！我不停地安慰着妹妹，让她安心学习，我会想办法的。妹妹好像找到了依靠，恋恋不舍地挂断了电话。

　　我静静地走出宿舍，躺在校园的草地上，在夜幕的掩盖下我的眼泪肆无忌惮地奔流。夜风吹过，我的感情如潮水般在脑海里奔腾。"任何感情都能留下痕迹并且能穿越时空"。母亲啊，你在哪里？不知你是否能感受到儿子的这份感情。你的儿子理解你，因为你所做的一切都是为了我——一个残疾的儿子。

　　母亲只是一个普普通通的农村妇女，她勤劳善良，乐观又胆小怕事。她仅上过几天学，只认识自己的名字。她和父亲勤勤恳恳地耕种着几亩薄田，近年来朝阳地区连年大旱，受灾严重，他们辛苦操劳一年仅仅能收得勉强果腹的粮食，日子每况愈下，母亲却乐观地说："庄稼不收年年种，老天饿不死瞎家雀儿，总会有办法的。"可现实是残酷的。去年我们村农网改造，由于家里拿不出二百元的改造费而被断电。起初父亲有些不习惯漆黑一片的生活。

他无奈地说："没想到生活一下子倒退了四十年。"说者无心听者有意。我的心里隐隐作痛，父亲已经五十多岁了，人说五十而知天命，难道他的"天命"就是这样的生活吗？我羞愧难当。母亲见我的脸色不好，立刻接过话头说："满足吧！四十年前你还在吃大食堂呢，谁能顿顿吃上净面的饼子呀？"父亲不吭声了，我更加内疚了。

　　我上学时母亲借遍了所有的亲戚，终于送我进入了大学校门，此后每月她都准时寄钱给我。直到今年暑假我才知道，这些钱是如此的来之不易。那一天，我亲眼看到母亲和一群妇女躲在铁路旁的树林里，当一列客车开入小站时，她们挎着篮子冲出树林一窝蜂地涌到列车下叫卖。那列快车在我们这个小站错车，仅停三五分钟，母亲吃力地挎着篮子迈过纵横交错的废弃铁轨来到车窗下，低声叫卖，她的眼睛不时地惊慌四顾，她要提防着站内人员的驱赶，更要提防车上的铁路巡警下车抓捕。母亲身高不足一米五，她站在路基下必须把一袋水果举过头顶，抬起脚跟，吃力地跳两跳才能让车上的乘客抓到。看着母亲的背影，我的眼睛模糊了，我什么也不顾地跑过去，夺过母亲手里的水果往车上递。母亲当时的表情非常尴尬，大概她不愿让儿子看到她现在的样子。短短的三五分钟，列车开动了，这些人一哄而散。回到家后，我说："明天我和你一起去吧？"母亲摇摇头说："可不行！要是被巡警抓住是要坐牢的！"我着实大吃一惊，没想到这么严重，我忙劝她："那你也别去了。"她固执地说："赶紧凑两个钱儿，好把你送走。放心！我不会出事的！"第二天我到工地上当了一名小工，替人筛沙子和灰。在干活时我无时无刻不为母亲提心吊胆，有一次我听母亲低声对父亲说："我要被抓走了，千万不要交罚款赎我，你只管把顶棚上的钱拿着送孩子上学。"那一刻，我突然明白了许多……

　　假期过去了，我含着泪揣着一叠一元两元的票子回到了学校，没想到刚过这么几天母亲真的被抓走了，不知被带到哪里。我不敢想像母亲今后的生活，她是一个十分要强的人，她曾把人格和尊严看得比生命还重要，今天她却被抓进了拘留所。在乡下，人们把拘留所也看作监狱，进过监狱的人是最让人瞧不起的，在这些农村人心中还有什么比让警察抓走更令人耻笑的呢？我仿佛看到母亲走在街上，一束束歧视的目光，让她抬不起头来；我仿佛听到人们的小声议论：那是一个贪财的婆娘，被抓进监狱过哟！母亲如果经受这些会怎样呢？她会哭的，但一定是躲在家里偷偷地哭。她会后悔吗？不会。为了儿子她甘愿付出一切，为了儿子她愿忍受一切……

有位日本作家曾说："人类在出生时，就是带着感情而来的。"我认为那种最原始的感情就是对母亲的挚爱。我愿以生命做担保告诉所有的人：求求你们，不要伤害我的母亲，她并不坏！

（赵德林）

盲女后来看到的

这个女孩后来成了我的朋友，她从不化妆的脸上时刻荡漾着善良和爱的光芒。

多年以前，一位 40 岁的母亲带着失明的女儿沿街乞讨。母亲教女儿用手指感触野花的嫩瓣和葳蕤的春草，帮女儿把大自然的色彩系扎在胡琴的顶端，一路唱去，唱到又一个春节。

她们躲在一间废弃的草房中看别人过年。有善良的人送来饺子，但是不多。母亲端给女儿说："妞儿，吃饺子吧。…'妈，您吃。'"妈这儿还有一大碗呢！"女儿看不见，但是女儿信任母亲，母亲从来没骗过她。所以她吃得心安，吃得香甜。

女儿没听到母亲吃饺子的声音，就问了，母亲说："我就吃。"然后细致地出声地咀嚼着女儿剩下的一点饺子汤。

多年以后，女儿被一位业余剧团团长发现，团长收留了她们母女。不久母亲因长期的生活磨难而病入膏肓。临终前一天，女儿摸索着为母亲包了一碗三鲜馅的饺子，母亲大口地一连吃了十个半，微弱而肯定地称赞女儿："包得好，真好吃！"女儿留下了这碗饺子。第三天，孤独的女儿重新将那饺子摸索出来，体味着那碗边上母亲遗留的手温，然后慢慢地吃起来，但是女儿发现：饺子放盐太多，咸得没法吃。

女儿失明的眼里流下了泪水。

这个女孩后来成了我的朋友，她从不化妆的脸上时刻荡漾着善良和爱的光芒。

（周雪韬）

永远不熄灭的灯

母爱，它如一盏灯，点燃了就永远不会熄灭。

母爱是极其敏感和坚韧的。即使我们用最精确复杂的数学方程式也无法阐明它的精确与灵敏。如果允许用物体来标示和量度的话，那就应该是一根发丝的几亿分之一，极端灵敏的超导材料。母亲会在做任何事情的时候蓦地忆起自己的孩子，无论他们是近往咫尺还是远隔万里。她们永远会把释放自己的爱给孩子看成是一种快乐和满足，而很少去祈求回报。世间很少有母亲对自己的子女虚情假意，把爱当作换取利益的筹码，却有很多儿女背弃和辜负母亲的养育深恩。母爱又是极有韧性的，它的坚韧程度可以超过自然界的任何一种物质，有时甚至是无限的。

最近看到一部专题片，讲述的故事虽非惊天动地，但其中女主人公为儿子所付山的一切却足以让苍天降下六月的雪。一位母亲生下了一个患有脑瘫的孩子。最初的时候，她曾满怀信心和希望试图将这个幼小的生命治好，使他的一生不至于残缺。但是，她失败了。儿子长到4岁的时候，仍然不能直立行走，言语也有极大的障碍。面对这样的事实，万念俱灭的她领着孩子来到了长城卜，她准备从这古老的城垣上跳下去，结束这多劫的一生。可当她爬上城垛想要往下跳的时候，却发现自己怎么也用不上劲。她回过头，身后的情景让她热泪盈眶，终生铭记。很多人在拉着她的衣服、身体，而在他们的身后是更多的人组成的人链。她的孩子被每一个人吻着，然后一只手一只手地递到她的怀中。这位母亲被这巨大的温情感染了，于是，她决定活下去，并想尽一切办法拯救自己的儿子。在以后的日子里，她近乎疯狂地寻找所有她能找到的治脑瘫的医生；踏遍了她力所能及的从乡间诊所到京城大医院所有的治脑瘫的地方；学习一切可以抵御脑瘫的方法。十几年间，儿子学什么，她就学什么。为了帮助孩子恢复灵敏的知觉，她教孩子学音乐，辨音。她曾经一遍又一遍地按那架破钢琴的琴键，直到手指肿得按不动。苦心人，天不负。她终于成功了。她的孩子不仅顺利地完成了小学到高中的学业，而且在19岁那年还走进了大学，创造了一个奇迹。这就是坚韧的母爱，它如一盏灯，点燃了就永远不会熄灭，照亮了一个又一个孩子黑暗的内心和前进的路途。

（马萌）

母爱无处不在

妈妈的微笑，妈妈的鼓励，永远伴随着我。"

初三（6）班有两个女同学，一个叫林颖，另一个叫林影。为了方便称呼，同学们根据她们的体形，把健壮的林颖称为"大颖"，把瘦小的林影称为"小影"。

这两位女同学的母亲都病逝了，因此，老师对她们尤其关心。

大颖性格开朗、活泼、自立，竞争意识很强，凡是有课外活动，她都积极参加。老师家访看到，大颖的房间不仅收拾得井井有条，而且她还会煮一手好菜，会照顾爸爸的生活。在大颖家里，除了墙上挂着一张普通的全家福，没有看到更多关于她母亲离去的痕迹，一点纪念性的气氛也没有。

小影忧郁内向，虚荣心强，既自卑又自尊。她向来不积极参与明争，却热衷于暗斗。为了很小的事情，她就会和同学闹别扭，生闷气。老师在她家里，看见的是一个失去母亲的孩子的悲哀：凌乱的房间，肮脏的被褥，墙上挂满了母女合影，床头塞满了幼童时代的玩具。

这天，老师把收回来的语文作业看了一遍，这是主题为《我的母亲》的作文。当她把林颖和林影的作文对比着看了一遍以后，心里忽然明白了许多事情。

家长会上，针对学生自觉性差，依赖感强，生活能力弱的普遍特点，老师朗读了两篇近期的学生作文。

老师先朗读林影的作文《梦中的母亲》：

"我的母亲，是世界上最爱我的人。但是她走了，留给我的是无尽的悲伤和无边的梦。在我的梦里，母亲总是那样慈爱，她对我的关怀无微不至。我记得很小的时候，我非常害怕老鼠。那时候，我家住的地方经常有老鼠光顾，母亲便彻夜不眠，学着猫叫，放轻脚步，在屋子里巡逻。儿童节前，母亲总是跑遍全市，给我挑选最美丽的公主裙，把我打扮得像洋娃娃一样。母亲患病以后，我一点也不知道，因为她怕我伤心，所以瞒着我。我只知道母亲的脸色越来越白，对我的爱也越来越多。

"记得那是一个深秋的夜晚，母亲最后一次陪我去少年宫练琴，她拖着无力的脚步，越走越慢。秋风吹在母亲瘦削的身上，她的声音也像落叶一样无奈，母亲抚摸着我的头说：'影影，要是妈妈不在了，你怎么办啊？'如今，我只能在梦里和妈妈说话了。每当我遇到困难，我就想起无所不能的妈妈，假如妈妈在我身边，我就不会彷徨了。我是多么不幸，我是个没有妈妈的孩子。"

家长们表情悲戚，不少家长眼睛湿润。

老师不动声色，接着读另一篇作文，林颖写的《妈妈的笑》：

"妈妈离开我已经两年了，但是妈妈的笑容却一直伴随在我身边。记得我很小的时候，妈妈就得病在家休养。幼儿园放学时间，妈妈总是笑眯眯地站在门口。回家的路上，妈妈总是沿途告诉我许多生活常识，比如怎样过马路，怎样到市场买菜，怎样对付小偷，怎样节省钱，怎样和小贩讨价还价。有时候，妈妈让我挑选食物和生活用品，让我去柜台付账，她则站在远处微笑着鼓励我。我觉得很有趣。妈妈病重以后，我放学回家总是沿路买好菜。回家后，睡在床上的妈妈便指导我做饭，搞卫生。我一边做家务事，妈妈一边说笑话给我听。

"妈妈的病越来越重，我和爸爸轮流给她喂饭，妈妈笑着说：'以前我喂你，现在你喂我，你是我的小妈妈。'我自从做了'小妈妈'后，觉得自己变成了大人，有主见多了。我中考前夕，妈妈极度衰竭。爸爸去喊救护车，妈妈则指导我收拾她的衣物。我听到了救护车的声音，于是用力背起了妈妈，没想到妈妈变得那样轻。我小心地从7楼往下走，妈妈在我的背上喘息着。她的呼吸虽然困难，但还在我耳边鼓励我：'加油！加油！'妈妈被放到救护车上，回头对我做了一个胜利的手势，脸上绽开灿烂的笑容。我考试顺利，妈妈却再也没有回来。妈妈的微笑，妈妈的鼓励，永远伴随着我。"

老师抬起头，发现许多家长情绪激动，甚至流着眼泪。老师有千言万语，却不知从何说起，转身在黑板上写下了5个字：真正的母爱。

（何凤）

217

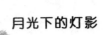

天底下最美的母亲

家里有我一个人就行了，你安心读书就是了。

那时候，我在张家口乡下的一所偏僻的乡中学教书。每天上午，我总会看见一个跛脚的女人推着一辆自行车进来，斜穿过办公室与教室之间的过道，去给食堂送豆腐。女人上身穿着一件发黄的军棉衣，腰间胡乱地捆着一根布绳。下面是一条黑棉裤和与时令并不匹配的胶鞋。头发蓬乱着，乱麻一般。人显得非常憔悴。她的脚跛得很厉害，深一脚浅一脚的，自行车推得也不平稳，我几次都担心她车后边的豆腐会掉下来。

有一天，我看学生交上来的随笔，一个叫王萧励的女生这样写道：

这个星期天回家，心里很不是滋味。父亲在炕上躺着，还是不能动弹，吃了那么多的药也不顶事。算起来他在炕上已经躺了 5 年了。弟弟还小，生活的重担都由母亲一个人担着，每次回来看到母亲忙前忙后的样子，我都想哭。

这学期开学的时候，我提出不想再上学了，想帮母亲干农活。躺在炕上的父亲眼眶里满蓄着泪水，不说话，母亲在炕上坐着也不作声。弟弟还小，在炕边玩，整个屋子里静静的。末了，母亲说："上吧，再辛苦也把你供下来……"

春末的时候，我在这个村镇的街上闲逛，又遇到这个跛脚的女人。这次她正赶着一辆牛车，车上是些刚刚收到的废品，纸盒、易拉罐，还有些生铁。她坐在车前辕的一块硬纸片上，吆喝着牛，往公路的方向走去。正是大中午，街上没有一个人，整个村庄都笼罩在一片家庭的氛围里。而她，这个跛脚的女人还在为生计奔波着，陪伴她的只有牛蹄声，在空空的街道上有条不紊地响着。

我目送着那辆车上了公路，直到它消失在川流不息的车流中。我不知道她的下一个地方是哪个村庄，也不会知道她今天的中午饭要熬到什么时候才吃，但我敢肯定她必须要继续奔波下去。

发现这个跛脚女人是王萧励母亲的那一次，萧励的随笔是这样写的：

有好些天了，母亲给学校送豆腐，我看到过母亲几次，但没敢和她说话。虚荣和自卑的心理占据着我的内心，我怕同学们知道那就是我的母亲而笑话我。

母亲每次总是急匆匆地来，又急匆匆地去，也不知道她是顾不上看我，还是有意地回避我，总之，我的心里很矛盾，既想让母亲来看看自己，又怕同学们知道了会讥笑我。有时候，我真想骂自己一顿，自古说："儿不嫌母丑，狗不嫌家贫。"自己现在连狗都不如。

这次考试，我考得很不好，在班里，我总抬不起头来，也怕看见老师们的目光。我总觉得自己很笨，比别人努力得很多，却总是考不过别人。人们都说笨鸟先飞，但对于我，却仍是无济于事。

每当考完一次试，我的内心就动摇一次，我这样的成绩很对不住含辛茹苦的母亲，也对不起躺在炕上的父亲。一次一次的失败几乎让我坚持不住了。

回家后，当我看到母亲忙碌的身影以及她坚毅的目光时，我已经到了嘴边的想退学的想法便不敢再说出来。我得坚持下去……

天气逐渐转暖的时候，王萧励的母亲来得更早。常常是上第一节课，或者第一节课还没有上就来了，因为那时候我一般都是上第一节课。我有时只是从窗户里，看到她匆匆掠过的身影。

那时候，我也开始注意王萧励了，眼睛并不大却很有神的一个女孩子，规规矩矩地坐在那里听课，很认真。

有几次上课，我提问她，她的声音很轻，谨小慎微的样子，生怕自己说错了什么而引起别人的笑话。我常常鼓励她，尽管有时候她答非所问，我还是给予了极大的肯定。我知道，这样的学生，这样的孩子，此刻是多么需要别人尤其是师长的肯定。

6月份的一个下午，我在办公室看作业，又看到了王萧励的文章：

这一段时间感觉好了许多，我终于敢昂着头出入教室了。而且最要紧的是，我的成绩有了很大进步。我回去把我的成绩报告给父母后，母亲很高兴，一下子打开柜子，说是要为我淘米做一顿糕吃，父亲眼中好像也泪水汪汪的。

那一天，我看着母亲舒展的眉头，真想过去拥抱母亲一下，是的，这个家过了多少天阴云密布的日子了，该高高兴兴了，但是我没有动。母亲说："家里有我一个人就行了，你安心读书就是了。"我咬了咬嘴唇，差点哭了。

想想我以前的虚荣心，我就暗暗地恨自己。现在想来，我一定要找一个机会，在众多同学的面前把母亲介绍给大家。我告诉他们，这就是我的母亲，天底下最坚强最勤劳的母亲，也是天底下最美的母亲……

我知道，有许多像王萧励一样的家庭，像王萧励一样的孩子，更有数不清的像王萧励母亲一样平凡坚毅的母亲，她们在艰难的生活中苦苦挣扎，用牺牲自己的方式去支撑家庭，去供养孩子上学，不怕累，不言苦，把泪水一个人吞尽。

（马德）

母亲的视线

我们走遍天涯海角，却始终走不出母亲的视线……

母亲是个乡下女人，不识字，也从不看电视。我搬新家时，打算把原来那台老式电视机送给母亲，可她却说不要。然而，就在我刚刚抵达这座城市时，便接到母亲的电话。母亲问我家那台旧电视还在不在，我说已经处理了。母亲在电话那头叹了一声。我问她怎么了？沉默一阵，母亲才说，她想看看电视。

北方的冬天很冷，动不动就下雪，从小生活在南方的我很不适应，手上长了不少冻疮，脸也皲裂了。那个时候，我特别想念温暖的家。特别怀念小时候母亲给我做的棉衣。

　　那天，我刚下班，手机响了，是母亲打来的。母亲说："你们那儿下雪了吧？你要多穿衣服，别冻坏了身子，我给你做了一件棉衣，几天前就寄出了，收到了吧？"

　　我觉得喉头有些哽，便找了个轻松的话题，我问："妈，您怎么知道我们这儿下雪了？"母亲像小孩子一般得意地笑了，她说："从电视上看来的。"

　　我奇怪地问："您买电视了？"母亲说："还没有，我是在你赵三伯家看的。不过等圈里那头猪卖了，加上你给我寄来的钱就够买一台电视了。"我埋怨说："妈，您要注意营养，寄给您的钱别舍不得花，买电视您该同我们商量嘛，买一台电视的钱您的儿子还是有的。"母亲说："你有一个家，处处都要花钱，能节省的就要节省。"

　　这一天，好不容易又盼来了老家的电话。可是，打电话的不是母亲，而是村东头的赵三伯。赵三伯在电话中焦急地告诉我，母亲现在躺在医院里……

　　原来，母亲每天都要准时到他家去看电视，专门去看天气预报。每次预报我所在城市的天气时，母亲总是把眼睛凑到电视机前去看，听得也特别仔细，生怕听漏了听错了。昨天，赵三伯在家等到天气预报结束，母亲还没去。他觉得很奇怪，便到母亲住的小屋去看，结果在半路上看到了摔下山坡的母亲……

　　我的眼睛湿润了，我的声音哽咽了，再也说不出一句话来。那一刻，我深切体会到了母爱的伟大。无论我们走到哪里，母亲的眼光总是追随着我们。我们走遍天涯海角，却始终走不出母亲的视线……

　　　　　　　　　　　　　　　　　　　　　　　　　　（醉丹）

只差最后一点点

忍耐，大多数时候是痛苦的，因为忍耐压抑了人性。但是，成功往往就是在你忍耐了常人所无法承受的痛苦之后，才出现在你面前的。千万不要只差那么一点点就放弃了。

有一位年轻人毕业后被分配到一个海上油田钻井队工作。在海上工作的第一天，领班要求他在限定的时间内登上几十米高的钻井架，把一个包装好的漂亮盒子拿给在井架顶层的主管。年轻人抱着盒子，快步登上狭窄的、通往井架顶层的舷梯，当他气喘吁吁、满头大汗地登上顶层，把盒子交给主管时，主管只在盒子上面签下自己的名字，又让他送回去。于是，他又快步走下舷梯，把盒子交给领班，而领班也是同样在盒子上面签下自己的名字，让他再次送给主管。

年轻人看了看领班，犹豫了片刻，又转身登上舷梯。当他第二次登上井架的顶层时，已经浑身是汗，两条腿抖得厉害。主管和上次一样，只是在盒子上签下名字，又让他把盒子送下去。年轻人擦了擦脸上的汗水，转身走下舷梯，把盒子送下来，可是，领班还是在签完字以后让他再送上去。

年轻人终于开始感到愤怒了。他尽力忍着不发作，擦了擦满脸的汗水，抬头看着那已经爬上爬下了数次的舷梯，抱起盒子，步履艰难地往上爬。当他上到顶层时，浑身上下都被汗水浸透了，汗水顺着脸颊往下淌。他第三次把盒子递给主管，主管看着他慢条斯理地说："把盒子打开。"

年轻人撕开盒子外面的包装纸，打开盒子——里面是两个玻璃罐：一罐是咖啡，另一罐是咖啡伴侣。年轻人终于无法克制心头的怒火，把愤怒的目光射向主管。主管又对他说："把咖啡冲上。"

此时，年轻人再也忍不住了，"啪"的一声把盒子扔在地上，说："我不干了。"说完，他看看扔在地上的盒子，感到心里痛快了许多，刚才的愤怒发泄了出来。

这时，主管站起身来，直视他说："你可以走了。不过，看在你上来三次的份上我可以告诉你，刚才让你做的这些叫做'承受极限训练'，因为我们在海上作业，随时会遇到危险，这就要求队员们有极强的承受力，承受各种危险的考验，只有这样才能成功地完成海上作业任务。很可惜，前面三次你都通过了，只差这最后的一点点，你没有喝到你冲的甜咖啡，现在，你可以走了。"

（佚名）

欲速则不达

　　面对现实，谁也不能保证自己没有急功近利的时候，但以史为鉴，我们就要时常提醒自己：做事的时候不要一味的贪多图快，太急功近利反而欲速则不达，造成更大的损失。凡是成大事者，都戒骄戒躁。只有脚踏实地，甘于从一点一滴做起，才会有所成就。

日本历史上，曾产生过两位伟大的剑手，一位叫宫本武藏，另一位是柳生又寿郎，而柳生又寿郎正是宫本武藏的徒弟。

柳生又寿郎少年时，放荡不羁，不肯接受父亲的教导专心习剑，还做出了种种错事，父亲一气之下，就把他逐出了家门。受到刺激的柳生，发誓要成为一名伟大的剑手击败父亲，让父亲看看自己的本事。于是就独自跑去见当时最负盛名的宫本武藏，要求拜师学艺。

宫本武藏看他资质不错，就收下了他。这时，柳生热切地问道："师傅，假如我努力地学习，需要多少年才能成为一流的剑手？"

宫本武藏说："你的全部余年！""可我等不了那么久，"柳生急切地说，"只要您肯教我，我愿意下任何苦功去达成目的。这样的话，需要多久的时间呢？""那，也许需要10年。"宫本武藏说。

柳生更着急了："哎呀！家父年事已高，我必须要他在生前就看见我成为一流的剑手。10年太久了，如果我更加倍努力学习需要多久？"

"嗯，那也许要30年。"宫本武藏缓缓地说道。

柳生急得快哭出来了，说："如果我不惜任何苦工，夜以继日地练剑，需要多少时间？"

"哦，那可能要50年。"宫本武藏说，"或者这辈子再也没希望成为一流剑手了。"

此时，柳生心里纠结着一个大疑团："为什么这么呢？为什么我越努力，成为第一流的剑手的时间就越长呢？"

"欲速则不达，"宫本武藏平和地说，"练剑要讲求自然和平和，急功近利就会偏离子大道。"

柳生恍然大悟，从此，开始潜心跟随师傅学习剑术，勤学苦练，毫不懈怠。数年后，终于也成为一代武学宗师。

（佚名）

"完美"的计划

在采取行动之前做好计划并且进行一些准备工作是必要的，可是必须清楚一点：计划设计得再完美，准备工作做得再充分，如果没有勇气迈出行动的步伐，那一切都没有意义。大多数时候，人们不能成功的原因不是因为计划不周全，也不是因为准备不足，而是根本就没有勇气用行动来实现理想。

在法国南部一个很小的城市里，住着一群十分聪明的人。这些人从来没有离开过小城，他们一直都以为小城就是上帝最钟爱的地方，而且认为这个小城也是最美丽最富饶的地方。

后来，有一位外地的客商路过小城，当他得知小城中人们的想法时，他大笑着说："这个城市只不过是一个小得极不起眼的地方而已，世界可是大得很，在这个城市之外还有很多地方比这个城市更美丽、更富饶。"

客商还将自己随身携带的地图展开让小城中的几位最聪明的人看。客商还建议他们："你们真应该走出小城到其他地方看一看，一个人一生只待在这么一个小地方真是太可惜了。"

听了客商的话，小城中的人们决定出去走一走，开开眼界，看看外面的世界到底是什么样子。

有了这个想法之后，他们决定在出发之前做一份周全的计划，因为大家都没有出过远门，更没有离开过这个小城市，如果没有一份周全的计划，那一旦遇到问题就麻烦了。于是他们根据客商的描述制订了一份内容详尽的计划。计划的内容包括要去的地方、需要准备的物品，还有预定的返回期限，等等。

后来客商离开了小城，留给了他们一本关于旅行的书。根据这本书介绍的内容，他们感到最初制订的那份计划太不周全了，于是又加入了一些条款，比如具体的出行路线、乘坐怎样的交通工具。在需要准备的物品的一项中，他们又补充了许多过去没有想到的物品。

经过几次修改和完善，他们终于有了一份完整的出行计划，可还是不能立即出发，因为出行计划上罗列的许多东西他们还没有准备好。

路上需要的水、食品和衣物等很快就筹备好了，可是客商给他们留下的书中介绍的地图还是没有，而且小城没有卖地图的地方。

由于从来没有走出过小城，所以他们只能从外面来的一些商贩手中购买地图。终于有商贩来了，人们从商贩手中买了好几份地图。不过商贩告诉他们，如果想到更远的地方旅行最好用地球仪，于是他们又等待卖地球仪的商贩进城。

就这样，他们等到了地球仪。在买了地球仪之后，他们发现还需要火车时刻表，因为他们担心坐火车时错过上车时间。

在有了火车时刻表之后他们又发现还需要指南针，到了陌生的地方弄不清方向那可是一件可怕的事情……

在这些东西都准备好了之后，他们觉得还需要一个行李箱，因为带着如此零零碎碎的东西，如果没有一个结实又漂亮的行李箱，那也是无法出行的。

于是，人们又找到城里一位手艺精湛的木匠制作了一个既结实又漂亮的行李箱。发现没有锁出门不安全时，他们又找铁匠打了一把十分保险的锁……

等人们把一切都准备好之后，他们才发现自己早已经年老力衰，根本没有足够的力气实施当年制订的计划了，况且他们当初的那份雄心壮志早已被时间消耗殆尽了，最后他们不得不老死在小城中。